Pedro J. Lamprea

BWL verstehen

Betriebswirtschaftliche Zusammenhänge in der Praxis

POCKET BUSINESS

Cornelsen

Verlagsredaktion: Annette Preuß
Technische Umsetzung: Holger Stoldt, Düsseldorf
Umschlaggestaltung: Ellen Meister, Berlin
Titelfoto: © Tim Hall / Getty Images

Informationen über Cornelsen Fachbücher und Zusatzangebote:
www.cornelsen-berufskompetenz.de

1. Auflage

Druck: Druckhaus Berlin-Mitte GmbH

ISBN 978-3-589-23432-5

Inhalt gedruckt auf säurefreiem Papier aus nachhaltiger Forstwirtschaft.

Inhalt

Einführung

Unternehmen, als von Menschen erdachte Organisationen, sind mit einer dynamischen Umwelt verbunden. Die hieraus entstehenden gegenseitigen Wechselbeziehungen und Abhängigkeiten erfordern eine ständige Anpassung der Unternehmen an neue Situationen. Dieser andauernde Wandel erfordert von Unternehmensverantwortlichen eine einfach klingende, aber höchst anspruchsvolle Grundhaltung:

> Eine richtige Entscheidung heute kann morgen schon die falsche sein.

Diese Grundhaltung findet ihre Bestätigung überall, sowohl in innovativen Wachstumsmärkten als auch in vom Preisverfall umkämpften Märkten.

Das Management hat in einem von Instabilität geprägten Unternehmensumfeld die Aufgabe, entstehende Ungleichgewichte rechtzeitig zu erkennen und zu beseitigen, d.h. Chancen zu nutzen und Risiken zu meiden.
Ebenfalls in der Verantwortung der Unternehmensführung liegt die Schaffung und Erhaltung einer Organisation, welche in der Lage ist, stets zielorientiert und ertragsoptimal die Unternehmenszukunft zu sichern.

„Passives Verhalten bedeutet mittel- und langfristig Verlust von angestammten Märkten. Aktives Vorgehen eröffnet beizeiten neue Marktchancen.“ Dieser Satz hätte auch anders lauten können: „Passives Verhalten bedeutet mittel- und langfristig Verlust von Ressourcen und Reserven. Aktivität sichert unsere Stammmärkte durch Konzentration der Kräfte.“ Welche der beiden Äußerungen ist hier die richtige? Das wird Ihnen niemand beantworten können, denn ob eine Aufgabenstellung richtig gelöst wurde, lässt sich erst am Ende beantworten, nämlich dann, wenn die Controller des Unternehmens feststellen und die Manager verkünden: „Wir haben unsere Gewinnziele realisiert!“

Um möglichst realistische Interpretationen der Vergangenheit und der Gegenwart zu gewinnen und die Bandbreite der Zukunft richtig einzuschätzen, stellt die Betriebswirtschaftslehre (BWL) den Betrieben eine Vielzahl von Werkzeugen zur Verfügung. Sie gelten als unterstützende Hilfsmittel bei:

- der Planung,
- der Organisation,
- der Durchführung und der Kontrolle von Zielen,
- Maßnahmen und
- Entscheidungsprozessen.

Darüber hinaus beschäftigt sich die BWL mit der Beschreibung und Erklärung von relevanten Ursache- und Wirkungsbeziehungen innerhalb und außerhalb des Unternehmens.

Dieses Buch ist in acht Kapitel gegliedert. Hier finden Sie folgende Inhalte:

- In den ersten beiden Kapiteln dieses Buches erfahren Sie etwas über unternehmerische Denkweisen, ihre historischen Hintergründe und warum Unternehmen wirtschaften müssen.
- Das folgende Kapitel befasst sich mit der Art und Weise von Zielfindung und Zielsetzung.
- Im Kapitel Metaentscheidungen wird anhand der Entscheidungen für Rechtsform und Standort deutlich gemacht, was grundsätzliche Weichenstellungen für das weitere unternehmerische Vorgehen bedeuten.
- Die Beschaffung, die Leistungserstellung und der Absatz werden als betrieblicher Leistungsprozess bezeichnet und sind das Kernstück dieses Buches.
- Bei allen Betrachtungen spielt auch eine Rolle, woher die Mittel des Einsatzes kommen und wo sie Verwendung finden. Das große Gebiet der Finanzierung und Investition ist im Kapitel „Der betriebliche Finanzprozess“ beleuchtet.
- Es ist wichtig, möglichst genau und zeitnah Informationen darüber zu erhalten, ob die Planung mit der Realität

übereinstimmt, ob die Preise die Kosten und den geplanten Gewinn abdecken und an welcher Stelle Handlungsbedarf besteht. Dazu benötigt jedes Unternehmen ein externes und internes Rechnungswesen, das im siebten Kapitel als „betriebliches Rechnungswesen“ erläutert wird.

- Das letzte Kapitel beschreibt einige hilfreiche Instrumente zur Absicherung von Entscheidungen.

1 Die grundsätzlichen Parameter der BWL

Aufgaben, Grundlagen und Faktoren

Die Betriebswirtschaftslehre erfüllt eine Erklärungsaufgabe und eine Gestaltungsaufgabe. Die Erklärungsaufgabe besteht darin, wirtschaftliche Sachverhalte zu klären rund um Fragen

- der Beschaffung,
- der Produktion,
- des Vertriebs,
- der Finanzierung,
- der Planung,
- der Kooperation,
- der Kommunikation etc.

Die Gestaltungsaufgabe besteht in der Formulierung von Handlungsempfehlungen für den einzelnen Betrieb.
Um das betriebswirtschaftliche Denken und Handeln zu verstehen, ist das Wissen um einige grundsätzliche Parameter notwendig, sie werden im Folgenden erklärt.

1.1 Das Wirtschaften

Jeder Mensch hat Bedürfnisse und strebt nach deren Befriedigung. Jede Planung und jede Entscheidung über die Verwendung knapper Mittel zur Befriedigung der vielfältigen, wandelbaren, steigerungsfähigen menschlichen Bedürfnisse bedingt wirtschaftliches Denken und Handeln.
Von der Knappheit betroffen sind nicht nur Geldmittel, sondern alle Ressourcen wie Rohstoffe, Energie, Arbeitsmittel etc. Auch Zeit kann eine knappe Ressource sein.

Knappheit im wirtschaftlichen Sinn ist aber nicht nur als Mengenproblem, sondern auch als Verwendungsproblem zu sehen, denn die Verwendung von Mitteln an einer Stelle bedeutet kategorisch Verzicht an anderer Stelle. So kann die Zeit, welche für den Wocheneinkauf investiert wurde, nicht mehr im Garten investiert werden.

Der Nutzen, den sich Menschen, Gruppen und Organisationen vom Einsatz ihrer knappen Mittel versprechen, ist ihr Maßstab für den Einsatz ihrer knappen Ressourcen.
Durch die Nichtnutzung einer Alternative entstehen nach dem wirtschaftlichen Verständnis Kosten. Diese Kosten werden als Alternativ- oder Opportunitätskosten bezeichnet und entsprechen in ihrer Höhe dem entgangenen Nutzen. Sie dienen im Entscheidungsfall dem Vergleich.
Durch Arbeitsteilung ist die Möglichkeit gegeben, die Effizienz der eingesetzten Mittel zu erhöhen. Die hierdurch entstehende Spezialisierung nach der Eignung wirkt ebenfalls bis zu einem bestimmten Grad leistungssteigernd.

Güter sind knapp, deshalb ist Wirtschaften notwendig!

1.2 Das ökonomische Prinzip

Ein grundlegendes Prinzip für die effiziente Gestaltung des betrieblichen Leistungserstellungsprozesses ist das ökonomische Prinzip. Es basiert auf einem allgemeinen Prinzip des rationalen menschlichen Handelns, welches besagt, dass

- entweder mit gegebenen Mitteln der größtmögliche Erfolg (Maximumprinzip) oder
- eine erwünschte Wirkung mit dem geringstmöglichen Mitteleinsatz (Minimumprinzip) zu erreichen ist.

Dieses Prinzip wird von der Betriebswirtschaftslehre aufgegriffen und mit konkreten Definitionen für Mitteleinsatz und Wirkung ausgestattet.

Beispiel für das Maximumprinzip: „Mit einer Erhöhung des Werbebudgets um 50.000 € in diesem Jahr möglichst viele neue Kunden gewinnen."

Beispiel für das Minimumprinzip: „Den Jahresumsatz von 500.000 € im Sortiment ‚Gartenartikel' mit möglichst wenig Werbebudget halten."

Das ökonomische Prinzip hat in seiner Urform immer eine feste Koordinate: Entweder sind die eingesetzten Mittel oder die gewünschte Wirkung fixiert. Eine solche Ausrichtung des Handels erzeugt bei allen Beteiligten eine gewisse Sicherheit, da es einen festen Ausgangspunkt bzw. einen festen Horizont gibt.
Aber in der Unternehmensrealität hat sich eine weitere Ausprägung des ökonomischen Prinzips durchgesetzt, nämlich das Extremumprinzip. Hier gilt es, ein möglichst günstiges Verhältnis zwischen den eingesetzten Mitteln (Aufwand) und dem Nutzen (Ertrag) zu realisieren, also den Aufwand bei gleichzeitiger Ertragssteigerung zu minimieren.

Beispiel für das Extremumprinzip: „Unser Ziel ist es, den Umsatz für das Sortiment ‚Gartenartikel' in diesem Jahr um 8 % im Vergleich zum letzten Jahr zu steigern, gleichzeitig wird das Werbebudget um 3 % gekürzt."

Die Betriebswirtschaftslehre empfiehlt den Unternehmen, das Extremumprinzip um zwei weitere Prinzipien zu erweitern, nämlich:

- um das Humanprinzip – hier geht es um die menschliche Gestaltung der Arbeitswelt –
- und um das Umweltprinzip – hier geht es um die geringstmögliche Umweltbelastung, um Ressourcenschonung und die Verhinderung bzw. Verminderung von Umweltbelastungen.

1.3 Die betriebswirtschaftlichen Produktionsfaktoren

Die betriebswirtschaftlichen Produktionsfaktoren lassen sich aus den volkswirtschaftlichen Produktionsfaktoren Boden, Arbeit, Kapital und Wissen ableiten.
Der Faktor Boden steht für die natürliche Umwelt, mit ihren Flächen und ihren Ressourcen (Rohstoffe und Energie).
Der Faktor Arbeit wird vom Menschen vollzogen. Er transformiert mit quantitativer und qualitativer Arbeit die Stoffe der Natur zu gebrauchsfertigen Gütern. Die qualitative Arbeit („Gewusst wie!) wird neuerdings als eigener Produktionsfaktor Wissen gesehen.
Der Faktor Kapital ist das Ergebnis aus der Kombination von Boden und Kapital. Das Kapital besteht aus Sachkapital (Gebäude, Maschinen usw.) und Geldkapital, welches als Tauschmittel gilt.

Für ein Unternehmen ist die Gliederung der volkswirtschaftlichen Produktionsfaktoren zu ungenau. Erich Gutenberg hat sie 1951 zusammengefasst und unter betriebswirtschaftlichen Aspekten gegliedert.

- Hier werden die Faktoren Boden und Kapital zusammengefasst und in Betriebsmittel und Werkstoffe aufgeteilt.
- Den Faktor Arbeit hat Gutenberg in ausführende und dispositive Arbeit aufgeteilt.

Die betriebswirtschaftlichen Faktoren Betriebsmittel, Werkstoffe und ausführende Arbeit repräsentieren die Elementarfaktoren. Die dispositive Arbeit gilt als vierter Faktor, welcher die Elementarfaktoren durch Leitung, Planung, Steuerung und Kontrolle zu sinnvollen Faktorkombinationen führt.
Die Elementarfaktoren, ergänzt durch die Betriebs- und Geschäftsleitung eines Betriebes, werden auch unter dem Begriff originäre Faktoren zusammengefasst. Der Teil des dis-

positiven Faktors, welcher für Planung und Steuerung zuständig ist, wird als derivativer Faktor bezeichnet.

Betriebliche Produktionsfaktoren						
Elementarfaktoren			Dispositive Faktoren			
Ausführende Arbeit	Betriebsmittel	Werkstoffe	Leitung	Planung	Organisation	Kontrolle
Originäre Faktoren				Derivative Faktoren		

Abb. 1: Darstellung betriebswirtschaftlicher Produktionsfaktoren

Im Jahresabschluss eines Unternehmens ist der Bestand an Betriebsmitteln und Werkzeugen am Ende des Geschäftsjahres in der Bilanz zu finden und der Verbrauch der eingesetzten Produktionsfaktoren während eines Geschäftsjahres lässt sich aus dem Betriebsergebniskonto ablesen (vgl. hierzu Kapitel 7 „Das betriebliche Rechnungswesen“).

Das von Gutenberg erstellte Modell ist auf klassische produktionsorientierte Betriebe ausgelegt. Mit zunehmender Bedeutung des Dienstleistungssektors und der damit einhergehenden Individualisierung der Produkte hat Rudolf Maleri den Begriff des externen Faktors geprägt, welcher den aktiven bzw. passiven Beitrag des Kunden an der Leistungserstellung berücksichtigt.

Auf den Punkt gebracht:

- Unternehmen gehen Wechselbeziehungen mit ihrer Umwelt ein und müssen sich daher ständig anpassen. DIE richtige Entscheidung kann es daher nicht geben.
- Passiv zu bleiben, heißt mittel- und langfristig Verlust von Ressourcen und Reserven. Der Unternehmensprozess benötigt aktive Entscheidungen einer selbstbewussten und immer wieder hinterfragenden Unternehmensführung.
- Die Betriebswirtschaftslehre erklärt Zusammenhänge und bietet Instrumente, die zur Entscheidungsfindung nützliche Informationen liefern, ohne den Anspruch auf Alleingültigkeit.
- Da jeder Mensch Bedürfnisse hat und auf der Erde Knappheit an Mitteln herrscht, müssen Menschen wie auch Unternehmen wirtschaften. Von der Knappheit betroffen sind Geldmittel, Rohstoffe, Energie, Arbeitsmittel, Zeit, Personal etc.
- Die vorhandenen Reserven müssen effizient und nachhaltig genutzt werden. Je nachdem, wie das geschieht, kommt entweder das Maximumprinzip, das Minimumprinzip oder das Extremumprinzip zur Anwendung. Sie beschreiben das Verhältnis von Input und Output in einem Unternehmen.
- Aufwand und Nutzen müssen immer im Verhältnis betrachtet und ständig beobachtet werden. Um diese Effizienz zu erreichen, werden betriebliche Produktionsfaktoren unter Beachtung des Human- und Umweltprinzips kombiniert und möglichst optimal eingesetzt.

2 Das Management

Historische Entwicklung, Aufgaben und Konzepte der Führung

2.1 Abgrenzung des Managements

In einem modernen Betrieb ist die klare Trennung von Management- und Ausführungstätigkeiten schwierig. In einer flachen Hierarchie, in der der einzelne Mitarbeiter neben seiner Ausführungsarbeit auch die Verantwortung für deren Planung und Organisation übertragen bekommt, ist eine personelle Abgrenzung nicht mehr möglich. Je flacher die Hierarchie, desto stärker werden die Mitarbeiter in die Managementtätigkeiten einbezogen.

> Je höher die eigene Position in der Hierarchie angesiedelt ist, desto höher ist der Anteil der dispositiven Tätigkeiten, gemessen an der Gesamtarbeitszeit.

2.2 Historische Entwicklung

Um das Management in seiner heutigen Form besser zu verstehen, ist es notwendig, die historische Entwicklung zu kennen, denn die historischen Phasen sind nicht als abgeschlossene Epochen zu betrachten, sondern wirken in einem modernen Unternehmen auf die eine oder andere Weise weiter.
Letztendlich stand und steht die ertragsoptimale Kombination der vorhandenen Produktionsfaktoren im Vordergrund. Unterscheiden lassen sich:

- Scientific Management – nach Taylor, ab 1882
  - Idee: Der Mensch wird als Maschine betrachtet, das bedeutet: Untersuchung der optimalen Handgriffe,

Zerlegung der Gesamtaufgabe in kleinste Arbeitsschritte, strikte Trennung von ausführender und dispositiver Arbeit etc.
- Ziel: Steigung der Produktivität durch effiziente Aufgabenerfüllung
- Nachteil: Mittel- und langfristig gibt es Motivationsprobleme aufgrund von monotonen Tätigkeiten, welche kein eigenständiges Denken mehr abverlangen. Der Einzelne hat keinen Bezug mehr zu dem Ganzen, keine Identifikation mehr zu dem Endprodukt.

◆ Human-Relations-Bewegung – nach Mayo, ab 1929
- Idee: Der Mensch ist ein soziales Wesen. Er kann Höchstleistungen vollbringen, wenn er sich in einer von sozialen Kontakten geprägten Umgebung akzeptiert fühlt. Die Studie von Mayo wurde erst in den 1960er Jahren aufgrund gesellschaftlicher Veränderungen ernsthaft aufgegriffen.
- Ziel: Steigerung der Produktivität durch ein hohes Maß an Freiheit und Selbstbestimmung
- Heute wird dieser Ansatz in den Unternehmen weitergeführt, wenn davon gesprochen wird, eine vertrauensvolle und menschengerechte Unternehmensorganisation zu gestalten.

◆ Soziotechnischer Ansatz – seit den 1950er Jahren
- Idee: Dieser Ansatz geht auf Eric Trist zurück. Die Organisation wird hier als offenes System verstanden, welches ein Input zu einem Output transformiert. Die Menschen, die Arbeitsaufgaben, die Organisation und die Technik werden als grundsätzlich gleichwertig angesehen.
- Ziel: Die Arbeit soll menschlicher gestaltet werden bei gleichzeitiger Steigerung der Leistung.
- Die Herausforderung liegt hier in der Steuerbarkeit eines offenen Systems.

- Kybernetische Systemtheorie – aus den 1960er Jahren
  - Idee: Das Unternehmen ist ein Regelkreis von Input-Output-Denken, ein Netz von Ursache-Wirkungs-Beziehungen.
  - Ziel: Mithilfe der kybernetischen Systemtheorie werden die grundlegenden Steuerungsprinzipien erforscht und konkrete Handlungsmöglichkeiten für das Management erarbeitet.
  - Die Koordination von Organisationsmitgliedern und deren Teilaufgaben in komplexen Systemen und Situationen wird als die zentrale Aufgabe des Managements verstanden.

- Situativer Ansatz (Kontingenztheorie) – aus den 1970er Jahren
  - Idee: Der Führungsstil kann von den persönlichen Eigenschaften nicht komplett getrennt werden, da Persönlichkeit stark mit Führungsfähigkeit zusammenhängt. Verschiedene Umfeldeinflüsse auf Unternehmen müssen größere Berücksichtigung finden.
  - Ziel: Aufdeckung der Wirkungszusammenhänge zwischen dem Unternehmen als strukturierter Organisation und dem Verhalten der einzelnen Organisationsmitglieder in unterschiedlichsten Situationen zur Steigerung der Effizienz
  - Der Managementstil ist abhängig von der jeweiligen Situation.

- Systemischer Ansatz – heute
  - Die Idee von der absoluten Steuerbarkeit eines komplexen sozialen Systems wird aufgegeben.
  - Hauptaufgabe des Managements ist es, den Betrieb unter Berücksichtigung der Außen- und Innenbedingungen zur bestmöglichen unternehmerischen Zielerreichung auszurichten.
  - Ursache-Wirkungs-Beziehungen sind vernetzt, sie beeinflussen sich gegenseitig.

2.3 Die Aufgaben des Managements

Wird das Unternehmen als komplexes soziales System verstanden, welches mit seiner Umwelt stark verwoben ist und dessen Hauptziel der ertragsoptimale Unternehmensfortbestand ist, so lassen sich die Aufgaben eines verantwortungsbewussten und professionellen Managements auf vier Kernpunkte bringen:

- Das Verhindern von Risiken, welche das Unternehmen in seinem Fortbestand gefährden könnten.
- Das Erkennen und Nutzen von Chancen, welche das Unternehmen ertragsoptimal fortbestehen lassen.
- Die Organisation als lernendes System verstehen, welches Lern- und Qualifikationsprozesse zum Fortbestehen braucht.
- Die Organisation an der Entwertung von Erfahrung hindern.

Die Hauptaufgabe des Managements besteht in der Gestaltung eines zeitlich unbeschränkten, ertragsoptimalen Unternehmensfortbestandes.

2.4 Der Managementprozess

Die Betrachtung des Managementprozesses stellt die Hanlungsabfolge aller Managementaktivitäten in aufeinander folgenden Phasen in den Vordergrund. Hierzu zählen:

- Ziele definieren: Hier werden Ziele erarbeitet und festgelegt. Die Ziele sollen konkret und messbar sein.
- Planen: Mehrere Alternativen zur Zielerreichung werden erarbeitet und miteinander verglichen.
- Realisieren: Nun wird die Arbeit eingeteilt, koordiniert und Handlungen vorgenommen.
- Kontrollieren: Im Soll-Ist-Vergleich wird überprüft, ob die Pläne mit der Realität übereinstimmen.

Sollen die Phasen optimal ablaufen, muss die Organisation in der Lage sein, allen Beteiligten relevante Informationen zur Verfügung zu stellen. Unabdingbar für den optimalen Phasenverlauf ist auch die konstruktive und umfassende Kommunikation zwischen den Gestaltern des Managementprozesses. So wächst mit dem Unternehmen der Anspruch an eine moderne EDV-Infrastruktur.
Außerdem muss in jeder Phase Willensbildung und Willensdurchsetzung stattfinden, d.h., Entscheidungen müssen getroffen werden. Das erfolgreiche Umsetzen von Maßnahmen zur Erreichung der gesetzten Ziele ist in hohem Maße abhängig vom vorhandenen Konsens zwischen Entscheidungsbeteiligten und Entscheidungsbetroffenen.

2.5 Die Führungskonzepte

Menschen suchen nach verlässlichen Konzepten, um eine Aufgabe optimal lösen zu können. In der Mathematik gibt es für das Lösen eines Problems in der Regel eine bewährte Formel. Wenn es um Führung von Menschen geht, haben wir nicht die Möglichkeit, auf eine bewährte Formel zurückzugreifen, welche uns immer zum richtigen Ergebnis führt.
Die Betriebswirtschaftslehre gibt den suchenden Führungskräften Handlungsempfehlungen an die Hand. Diese Führungskonzepte, die meist von unzureichend abgesicherten Annahmen über das menschliche Verhalten ausgehen, müssen unbedingt als Orientierungshilfen und nicht als „Zauberformel" verstanden werden.
Die Empfehlung der Führungskonzepte besteht oftmals darin, einen bestimmten Führungsstil zu praktizieren.

Ein Führungsstil ist – anders als das wechselnde Führungsverhalten – ein auch in unterschiedlichen Situationen grundsätzlich typisches Verhaltensmuster eines Vorgesetzten gegenüber seinen Mitarbeitern. Die weit verbreitete Darstellung nach Tannenbaum/Schmidt zeigt eine Klassifizierung nach dem Beteiligungsgrad der Mitarbeiter an der Willensbildung:

1	**Autoritär:**	Vorgesetzter entscheidet ohne Konsultation der Mitarbeiter
2	**Patriarchalisch:**	Vorgesetzter entscheidet; er ist aber bestrebt, die Mitarbeiter von seinen Entscheidungen zu überzeugen, bevor er sie anordnet
3	**Informierend:**	Vorgesetzter entscheidet; er gestattet jedoch Fragen zu seinen Entscheidungen, um durch deren Beantwortung Akzeptanz zu erreichen
4	**Beratend:**	Vorgesetzter informiert seine Mitarbeiter über beabsichtigte Entscheidungen; die Mitarbeiter haben die Möglichkeit, ihre Meinung zu äußern, bevor der Vorgesetzte die Entscheidung trifft
5	**Kooperativ:**	Die Gruppe entwickelt Vorschläge; aus den gemeinsam gefundenen und akzeptierten Vorschlägen entscheidet sich der Vorgesetzte für denjenigen, den er am besten findet
6	**Delegativ:**	Die Gruppe entscheidet, nachdem der Vorgesetzte zuvor das Problem aufgezeigt und die Grenzen des Entscheidungsspielraumes festgelegt hat
7	**Demokratisch:**	Die Gruppe entscheidet, der Vorgesetzte ist Koordinator des Entscheidungsprozesses und vertritt den Entscheid nach außen

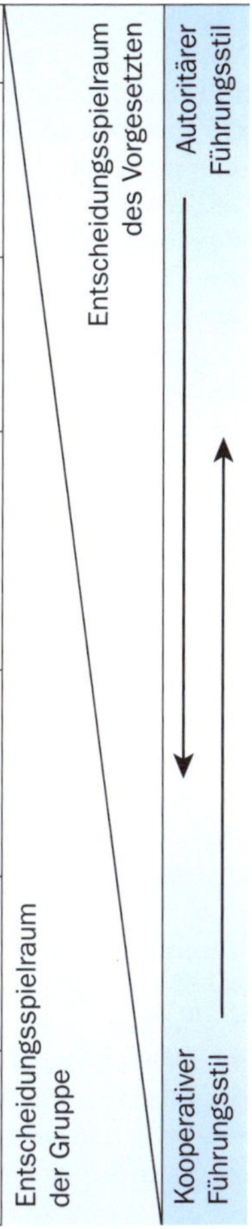

Abb. 2: Führungsstile: Mitarbeiterbeteiligung nach Tannenbaum/ Schmidt

Bei einer von aktuellsten Informationen abhängigen Organisation ist ein eher partizipativer Führungsstil anzustreben: Die Arbeit der Spezialisten muss koordiniert werden, die Mitarbeiter müssen eine emotionale Stabilisierung durch aktive Beteiligung erfahren. Dabei müssen die Führungskräfte neben dem technischen Verständnis für die hergestellten Güter auch soziale Kompetenzen als Berater, Moderator und Koordinator und kommunikative Kompetenzen als Dialoggestalter mitbringen.
Innerhalb der erweiterten Führungsmannschaft gilt es, durch Kommunikation und Überzeugungskraft einen Konsens zu finden, welcher durch die gemeinsamen Grundwerte bestimmt wird. Dies ist entscheidend für die Führungsfähigkeit des Unternehmens.
In den Unternehmen herrscht eine Korrelation zwischen dem Grad des Konsenses und dem vorherrschenden Führungsstil: Je höher der Grad des Konsenses, desto stärker wird das Muster des kooperativen Führungsstils und umgekehrt. Wichtig hierbei ist die Erkenntnis, dass der Grad des Konsenses durch Lernprozesse gesteigert werden kann.

2.6 Das Managementsystem

Das Managementsystem umfasst die Gesamtheit aller Instrumente und deren Regelungen, mit denen die Managementfunktionen erfüllt werden. Es setzt sich zusammen aus folgenden Subsystemen:

- Planungssystem
- Kontrollsystem
- Organisationssystem
- Informationssystem
- Personalführungssystem
- Controllingsystem

Diese Subsysteme sind aufs Engste miteinander verzahnt und überlappen sich in vielen Bereichen. Deshalb ist eine

Abstimmung bezüglich Inhalt, Struktur und Prozess unerlässlich.

Die Anzahl der Managementsysteme entspricht der Anzahl der Unternehmen. Es sind zwar immer wieder Übereinstimmungen in Teilaspekten festzustellen, aber in ihrer Gesamtheit sind diese Systeme geprägt durch die eigene Geschichte und sehr individuell.
Die Grundhaltung des Managements und die Art, wie das Unternehmen sich nach innen und außen verhält, prägen entscheidend das Bild des Managementsystems. Die Gegenüberstellung eines innovativ-strategieorientiert und eines bürokratisch-administrativ geführten Unternehmens verdeutlicht dies:

Innovativ-strategieorientiertes Management ist gekennzeichnet durch folgende Merkmale:
- auf eigene Stärken konzentriert
- reagiert offensiv
- doing the right things („die richtigen Dinge tun“)
- marktorientiert
- qualitatives Wachstum

Bürokratisch-administratives Management hingegen ist gekennzeichnet hierdurch:
- konzentriert sich auf Reduktion der eigenen Schwächen
- reagiert defensiv
- doing the things right („Die Dinge richtig tun“)
- produktorientiert
- quantitatives Wachstum

Es liegt auf der Hand, dass in zwei solchen Unternehmen das Managementsystem zwar die gleiche Funktion erfüllt, aber deren Kriterienkatalog zur Messung von Erfolg ein anderer ist.

Management by Objectives

VORTEILE DER FÜHRUNG DURCH ZIEL

Vorteile für das Unternehmen

Einzelziele werden mit Gesamtzielen abgestimmt
Motivation zu selbstständigem Handeln
verbesserte Leistung und Qualität
besseres Image (EFQM: European Foundation QM)
Förderung der Personalentwicklung
Förderung eines einheitlichen Führungsstils
Vermittlung gemeinsamer Werte
schnelle Umsetzung strategischer Ziele
Einsatzmöglichkeit flacherer Hierarchien
Informationszuwachs
verbesserte Transparenz

PROBLEME BEI DER UMSETZUNG

durch das System lösbar
Führungskraft ist unzureichend geschult
Zielwidersprüche auf einer Hierarchieebene
unklare Führungsverhältnisse
Mitarbeitervertretung wird zu spät eingeschaltet
Gespräche werden nicht von oben nach unten geführt

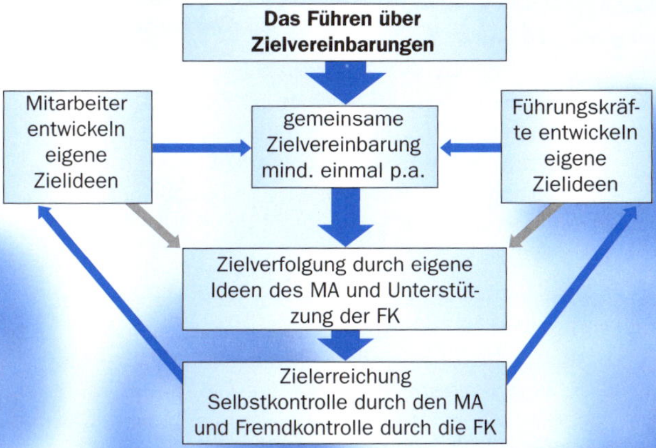

Vorteile für die Führungskraft

verbesserte Einschätzung der Mitarbeiterleistung
Zeitvorteil durch Arbeitsdelegation
verbessertes Arbeitsklima
Bewertung anhand bekannter Kriterien
klare Zuordnung der Ansprechpartner
klare Verantwortlichkeiten
klare Zeithorizonte
bessere Kommunikation
rechtzeitiger Eingriff wird möglich

im Gespräch lösbar
Ziele werden vorgegeben, nicht vereinbart
Zielbestandteile fehlen (Menge, Zeit, Qualität, Inhalt)
Tätigkeiten statt Ziele werden vereinbart
sich widersprechende Ziele werden vereinbart
Zielkontrolle wird unterlassen

Auf den Punkt gebracht:

- In Betrieben ist die klare Trennung von Management- und Ausführungstätigkeiten schwierig. In flachen Hierarchien übernimmt der einzelne Mitarbeiter Ausführungsarbeit und Verantwortung: je höher die Position in der Hierarchie desto höher ist der Anteil der dispositiven Arbeit.
- Unternehmen sind komplexe soziale Systeme deren Hauptziel der ertragsoptimale Unternehmensfortbestand ist. Daher wird der Managementprozess als Kreislauf verstanden, der mit der Zielfindung und -definition beginnt und mit der Kontrolle nicht aufhört. Hierzu sind Informationen, Willensbildung und Willensdurchsetzung entscheidend.
- Verschiedene Führungsstile stellen Handlungsempfehlungen dar. Dabei müssen die Führungskräfte neben dem technischen Wissen auch soziale und kommunikative Kompetenzen aufzeigen.
- Da im Unternehmen unterschiedliche Interessen vorliegen wird die Führungskraft auch am Grad der Konsensfindung gemessen. Dazu bedient sich die Führungsebene des Aufbaus eines Managementsystems, das so individuell ist, wie es Unternehmen gibt.

3 Unternehmensziele und Steuerungsgrößen

Ohne Ziele ist eine Steuerung nicht möglich

3.1 Was sind Ziele?

Die Ziele eines Wirtschaftsunternehmens sollten nach der Logik des wirtschaftlichen Handelns ausgerichtet sein, d.h., bei jedem Ziel sollte das günstigste Verhältnis zwischen Ertrag und Aufwand als erstrebenswert angesetzt werden (vgl. Kap. 1.2 „Das ökonomische Prinzip“). Ein solches Unternehmensziel ist meistens leichter verfasst als realisiert.

Unternehmensziele lassen sich nicht frei in den Raum stellen, sondern sind das zweitletzte Glied einer Kausalkette:

- Am Anfang steht das Unternehmensleitbild, in welchem die grundsätzliche strategische Ausrichtung der Organisation vereinbart wird.
- Aus diesem Leitbild formen sich Motivationen, Werte, Normen und Regelungen, welche die Unternehmenskultur prägen.
- Es entstehen Verhaltensmuster (Wie gehen wir die Dinge an? / Wie verhalten wir uns?), mit deren Hilfe Zielinhalte gesetzt werden.
- Nun werden Ziele definiert.
- Aus den Zielen ergeben sich die erforderlichen Maßnahmen, die das Ende der Kette bilden.

Ein Ziel kann in Ober-, Zwischen- und Unterziele aufgespalten werden, so lassen sich Prozesse besser steuern. Je weiter die Ziele hierbei nach unten gebrochen werden (Top-down-Methode), desto konkreter werden sie definiert.

In dieser entstehenden Kaskade stellen die unteren Ziele die Mittel zur Erreichung der oberen Ziele dar. Die Ziele müssen hierbei mit drei Dimensionen ausgestattet werden:

- Qualitative Dimension (Inhaltsfestlegung): Was wollen wir erreichen/verändern? Dabei kann es sich um ein monetäres (z.B. Gewinnsteigerung, Kostensenkung etc.) oder um ein nichtmonetäres (z.B. Steigerung des Bekanntheitsgrades, Imageverbesserung etc.) Ziel handeln.
- Quantitative Dimension (Mengenfestlegung): Um welches Maß wollen wir etwas verändern (z.B. 8% Gewinnsteigerung oder 4% Kostenreduktion)?
- Zeitliche Dimension: Bis wann wollen wir es erreichen?

Unternehmensziele sind demzufolge die genaue Beschreibung eines zu erwartenden Ergebnisses oder die konkrete Beschreibung eines gewünschten Zustandes zu einem bestimmten Zeitpunkt. Ziele, denen ein Bestandteil fehlt, sei es die qualitative, die quantitative oder die zeitliche Dimension, lassen sich nicht steuern, d.h., sie lassen sich nicht managen, da sie nicht messbar (kontrollierbar) sind.

In der Praxis können folgende SMART-Kriterien als Überprüfungshilfe dienen, ob ein Ziel SMART, also auch wirklich steuerbar und kontrollierbar definiert worden ist:

- Spezifisch = konkret und verständlich
- Messbar = Zielerfolg muss messbar sein
- Attraktiv = Ziele sollen motivieren
- Realistisch = Ziele sollen anspruchsvoll, aber erreichbar sein
- Terminiert = Zeitpunkt oder zeitlicher Horizont muss gegeben sein

Die Summe aller auf diese Weise gebildeten Ziele bildet das Zielsystem eines Unternehmens.
Bei diesem Entstehungsprozess ist das Management dafür verantwortlich, dass neben den oben genannten Kriterien

auch folgende Punkte bei der Zielkonzeption Berücksichtigung finden:

- Ordnung = die Beziehungen der Ziele untereinander müssen durch Prioritäten klar hierarchisch gegliedert sein
- Konsistenz = die Ziele sind untereinander abgestimmt und ergänzen sich positiv
- Kongruenz = die Zielverantwortlichkeit soll den Organisationsmitgliedern zugeordnet werden, welche über die nötige Kompetenz und die nötigen Mittel verfügen
- Vollständigkeit = das Zielsystem soll alle wichtigen Ziele berücksichtigen
- Aktualität = das Zielsystem sollte auf dem neuesten Stand gehalten werden
- Durchsetzbarkeit = nur an den entscheidenden Stellen akzeptierte Ziele sind in einer Organisation durchsetzbare Ziele

Auch das Unternehmensumfeld muss beim Aufbau eines Zielsystems berücksichtigt werden. Hier hat die sich die Analyse mithilfe einer so genannten SWOT-Matrix bewährt. SWOT steht für:

- Strengths: Stärken des Unternehmens
- Weaknesses: Schwächen des Unternehmens
- Opportunities: Chancen, welche sich auf dem Markt für das Unternehmen aufgrund seiner Stärken ergeben
- Threats: Bedrohungen, welche sich auf dem Markt für das Unternehmen aufgrund seiner Schwächen ergeben

3.2 Zielbeziehungen und Zielkonflikte

Innerhalb des Zielsystems gibt es Ziele, welche sich auf einer Ebene gegenüberstehen (horizontale Ziele), und Ziele, die über mehrere Ebenen hinausreichen (vertikale Ziele).
Für den reibungslosen Aufbau eines Zielsystems ist es unerlässlich, die Auswirkungen von Zielbeziehungen und die

vorhandenen Zielkonflikte zu verstehen. Dadurch erhalten die Verantwortlichen erste Eindrücke über künftiges Konfliktpotenzial.

Zielbeziehungen

Die Zielbeziehungen werden in vier Kategorien unterteilt:

- Komplementäre Ziele

Diese Ziele verstärken sich gegenseitig, d.h., wenn in ein Ziel investiert wird, so hat dies positive Auswirkungen auf ein hiermit verbundenes Ziel. Der Zielerreichungsgrad muss dabei aber nicht identisch sein.

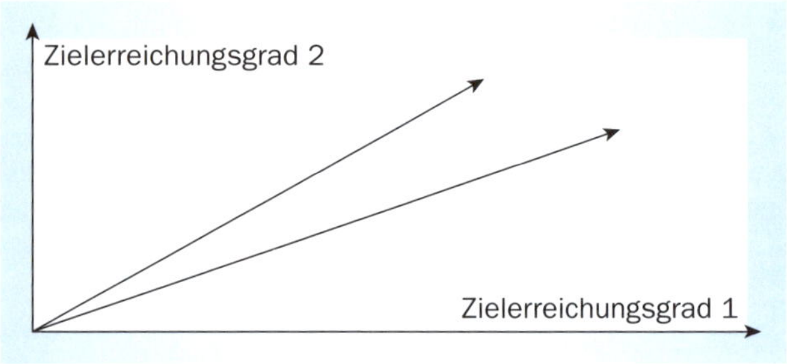

Abb. 3: Komplementäre Ziele

In einem Betrieb war seit längerer Zeit der Krankenstand in der Abteilung Warenannahme besonders hoch. Der Abteilungsleiter dort ist fachlich gesehen außerordentlich zuverlässig, allerdings war sein Umgangston gegenüber seinen Mitarbeitern mehr als ruppig. Vor einem Jahr hatte er die Abteilung übernommen. Kurz danach stieg der Krankenstand überdurchschnittlich. Mittlerweile ist das von der Personalentwicklungsabteilung entwickelte Konzept „Vorbildlich Führen", welches aus drei Seminaren und mehreren Einzel-Coaching-Terminen bestand, erfolgreich beendet worden. Durch die Verbesserung des Führungsverhaltes ist seit drei Monaten eine deutliche Senkung des Krankenstandes zu verzeichnen.

◆ Konkurrierende Ziele

Solche Ziele stoßen sich gegenseitig ab, d.h., je mehr ein bestimmtes Ziel angestrebt wird, desto weniger ist die Erreichung des anderen Ziels zu erwarten.

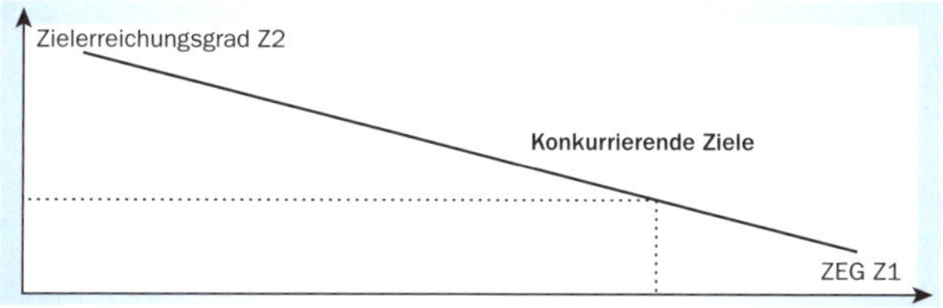

Abb. 4: Konkurrierende Ziele

> Ein Unternehmen berichtet: „Wir haben uns auf die Fahnen geschrieben, dass der Kunde bei uns König ist. Dieses Verhalten tragen wir seit Jahren mit Erfolg über den Vertrieb an unsere Kunden heran. Unsere Kunden sind es mittlerweile gewöhnt, dass wir sprichwörtlich „noch in letzter Minute" einige Modifikationen vornehmen können. Vor allem unsere Entwicklungsabteilung wird hierfür gerne von unseren Kunden in Anspruch genommen. Seit letztem Jahr haben wir aus Kostengründen angefangen wesentliche Entwicklungsaufträge an Fremdfirmen zu vergeben. Der Vertrieb fühlt sich in seinem Handlungsspielraum eingeschränkt."

◆ Antinome Ziele

Hier liegen die verbundenen Ziele in extremer Konkurrenz zueinander. Sobald ein Ziel erreicht werden soll, ist das Erreichen des anderen Zieles unmöglich.

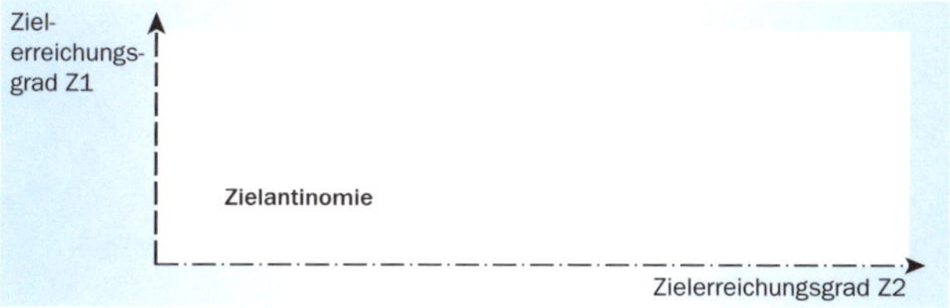

Abb. 5: Darstellung Zielantinomie

Gewinne, die heute in neue Anlagen investiert werden, kann man nicht den Aktionären als Dividendenausschüttung versprechen.

◆ Indifferente Ziele

Diese Ziele sind zwar auf einer Ebene, haben aber keinerlei direkte Beziehung. Das Erreichen von einem Ziel hat auf das andere Ziel keinerlei Auswirkung.

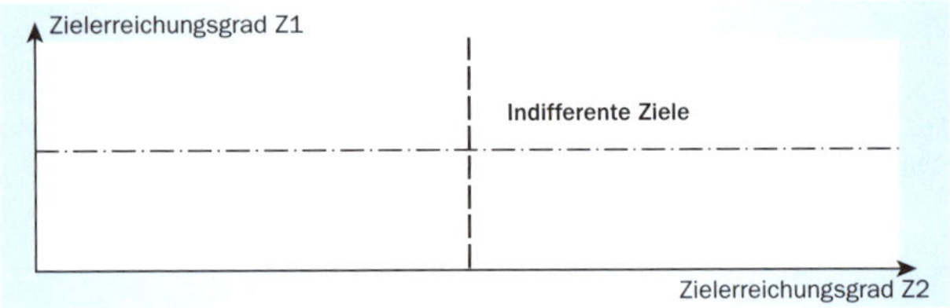

Abb. 6: Indifferente Ziele

Wir werden in diesem Jahr unsere Produktion um 3% steigern, zeitgleich wird die Kantine um eine „kalte Küche" erweitert.

Zielkonflikte

Die Ursachen für Zielkonflikte liegen nicht immer in der Natur der Zielkonstellationen. Sie können auch einen anderen Ursprung haben.

◆ Individualkonflikte

Individualkonflikte haben ihren Ursprung in den Spannungsverhältnissen, z.B. zwischen Führungskräften und Mitarbeitern aufgrund ihrer unterschiedlichen Interessenlagen.

Konflikt zwischen Führungskraft und Mitarbeiter: Frau Gustavson wird angewiesen, einen Terminauftrag unbedingt noch vor Feierabend zu erledigen, da ansonsten eine Konventionalstrafe droht. Es ist Freitag 10:00 Uhr, gerade sind die letzten benötigten Teile geliefert worden. Zur Erledigung muss Frau Gustavson, die um 17:00 Uhr Feierabend hätte, zusammen mit ihrem Team Überstunden machen. Allerdings muss Frau Gustavson ihr Kind spätestens um 18:00 Uhr vom Kindergarten abholen. Ihre Vertretung, welche in solchen Fällen immer eingesprungen ist, befindet sich bis zum Ende der nächsten Woche auf einer Kreuzfahrt.

Konflikt unter Mitarbeitern: Die neue Stellenbeschreibung des Herrn Malevski deklariert ihn u.a. als Verantwortlichen für den Bereich Lager als neuen Sicherheitsbeauftragten in Sachen „Unfallverhütung". Herr Malevski verfügt über die entsprechende Qualifikation. Diese Neuregelung wurde getroffen, um den Hausmeister Siehdichum ein wenig zu entlasten, welcher bis dato hierfür verantwortlich war. Der sieht dies gar nicht ein und fühlt sich hintergangen.

- Hierarchiekonflikte

Solche Konflikte entstehen bei unpräziser Aufgaben-, Kompetenz- und Verantwortungsabgrenzung.

Der Bereichsleiter verkündet: „Wir bieten ab sofort unseren Kunden einen Rund-um-die-Uhr-Service." Der Leiter der betroffenen Abteilung hat allerdings Überstundenabbau angekündigt. Zusätzlich herrscht im Unternehmen Einstellungsstopp.

- Innerorganisatorische Konflikte

Solche Konflikte entstehen durch das Fehlen von Kommunikation oder schlechtes Schnittstellenmanagement.

Der Zentraleinkauf will zur Reduktion der Einkaufsabwicklungskosten nur noch Verträge mit wenigen Lieferanten eingehen. Das Produktionsmanagement will Lieferungen nur von ausgesuchten Lieferanten akzeptieren, welche nach Qualität und nicht nach Sortimentsbreite ausgewählt werden. Die Vertriebsverantwortlichen fürchten um ihre angebotene Variantenvielfalt.

Zielkonflikte lassen sich in den Organisationen nicht gänzlich vermeiden. Allein die Tatsache, dass die Interessenlage

der Organisation i.d.R. nicht deckungsgleich mit der Interessenlage der einzelnen Mitarbeiter ist, birgt entsprechendes Konfliktpotenzial.
Aufgabe der Führung ist es, die Ziele des Unternehmens vorwärts zu bringen, aber gleichzeitig die Interessen der Mitarbeiter einzubeziehen, welche schließlich das Herzstück des Unternehmens darstellen. Dabei empfiehlt sich das „Prinzip der zu kurz geratenen Decke“ unter welcher sich nicht alle gleichzeitig wärmen können, aber wo jeder mal dran ist.

In der Betriebswirtschaftslehre werden drei Zielkategorien unterschieden:

- Leistungsziele (Beschaffungs-, Lagerhaltungs-, Produktions- und Absatzziele)
- Finanzziele (Liquiditäts-, Investitions- und Finanzierungsziele)
- Erfolgsziele (Umsatz-, Wertschöpfungs-, Gewinn-, Rentabilitätsziele).

Damit die Ziele für das Management steuerbar bleiben, braucht jedes Unternehmen ein schlüssiges Kennzahlensystem.

Nur durch ein aussagekräftiges Kennzahlensystem, dessen Soll-Ergebnisse per Zielvereinbarung festgelegt wurden, ist es möglich, Unternehmensbereiche zielorientiert zu steuern. Eine gute Kennzahl informiert schnell und einfach über einen aktuellen betrieblichen Tatbestand. Alle Kennzahlen sind miteinander verwoben und ergeben das Kennzahlensystem des Unternehmens.
Ein solches schlüssiges Kennzahlensystem ist dabei der Orientierungsleitfaden für alle Beteiligten, ob sie und ihre Unternehmensbereiche sich in Richtung der vereinbarten Ziele befinden oder ob Korrekturzündungen eingeleitet werden müssen. Somit erfüllt ein Kennzahlensystem auch die Funktion eines Frühwarnsystems.

Praxistipp

Für sich allein gesehen hat eine Kennzahl als relative Größe nur eine beschränkte Aussagekraft. Um der Kennzahl eine stärkere Aussagekraft zu verleihen, sind z.B. Vergleiche mit dem Branchendurchschnitt, dem Vorjahr usw. vorzunehmen.

Unter Umständen ist auch eine Auswertung mehrerer Kennzahlen notwendig, um eine präzisere Bewertung vorzunehmen. Ein Beispiel:

Der Außendienstmitarbeiter Anton hat im letzten Quartal 160 Kundenbesuche absolviert und dabei 60 Aufträge generiert. Wenn Sie jetzt die Produktivität des Mitarbeiters Anton messen, ergibt sich:
Produktivität = Output durch Input = Verhältnis Ausbringungsmenge zur Einsatzmenge = 60 Aufträge durch 160 Kundenbesuche = 0,38
Das heißt, bei 38% der Kundenbesuche kam es bei Mitarbeiter Anton zum Auftragsabschluss.

Betriebswirtschaftlich betrachtet erhält die 0,38 erst in direktem Vergleich eine Aussagekraft. Sie wird z.B. mit dem Branchendurchschnitt (z.B. 0,31) vergleichen oder mit dem Ergebnis eines anderen Außendienstmitarbeiters namens Zacharias (z.B. 0,43) oder an einem vorher festgelegten Zielkorridor gemessen (welcher sich z.B. zwischen 0,36 und 0,44 befindet). So besteht die Möglichkeit einer objektiven Betrachtung.

Jede lernende Organisation wird sich jetzt folgende Fragen stellen:

- Ist die Kennzahl zu hoch oder zu niedrig?
- Warum gab es eine Abweichung vom Ziel? Hier kann die Kennzahl u.U. bis zum einzelnen Kundenbesuch analysiert werden.
- Wie wirkt sich das Ergebnis auf das Gesamtergebnis aus?

Die Beantwortung der letzten Frage ist selbstverständlich nicht allein an der Produktivität messbar, hier muss eine weitere Kennzahl (Steuerungsgröße) zurate gezogen werden – die Wirtschaftlichkeit = Umsatz durch Aufwand.

Das obige Beispiel weiterführend:
Außendienstmitarbeiter Anton hat im letzten Quartal einen Umsatz von 210.000 € gebracht und dabei einen Aufwand von 32.000 € verursacht. Demnach liegt seine Wirtschaftlichkeitskennzahl bei 6,56. Sein Kollege Zacharias hat 250.000 € Umsatz vorzuweisen und einen Aufwand von 55.000 € verursacht, somit liegt seine Kennzahl bei 4,55.
Hier ist eindeutig das Ergebnis von Anton das wirtschaftlichere.

Eine hohe Produktivität muss nicht eine bessere Wirtschaftlichkeit zur Folge haben!

Auf den Punkt gebracht:

- Die angestrebten Ziele eines Unternehmens sind stark von dessen Leitbild und Kultur geprägt. Aus den definierten Unternehmenszielen lassen sich die entsprechenden Maßnahmen zu deren Erreichung ableiten.
- Ziele lassen sich managen, wenn sie eine qualitative, eine quantitative und eine zeitliche Dimension erhalten. Fehlt eines dieser Kriterien sind diese „Ziele" nur Absichten, welche sich nicht steuern, planen und kontrollieren lassen.
- Sobald mehrere Ziele definiert werden, müssen diese auf ihre Wechselwirkungen hin überprüft und im Bedarfsfall aufeinander abgestimmt werden. Dieser Abstimmungsprozess verlangt von allen Beteiligten eine vorurteilsfreie Kommunikationsbereitschaft.
- Ein aussagekräftiges Kennzahlensystem bildet den roten Leitfaden zur Erreichung der gesetzten Ziele. Die Kennzahlen eines Unternehmens sollten in der Form entwickelt werden, dass sie auch als Frühwarnsystem gelten, so besteht eine höhere Wahrscheinlichkeit, Fehlentwicklungen vorzeitig zu erkennen.

4 Metaentscheidungen

Handeln braucht einen Rahmen und einen Ort

4.1 Die Wahl der Rechtsform

Im Unternehmen ist das Innenverhältnis bestimmt durch Grundwerte, Leitbild, Unternehmenszweck usw. Den Gesellschaftern einer Unternehmung steht die Verfassung eines Gesellschaftervertrages zur Verfügung, um das Innen- und Außenverhältnis zu regeln.
Das Verhältnis zu Kunden, Lieferanten, Mitarbeitern, Behörden, Banken usw. unterliegt einer unüberschaubaren Fülle von rechtlichen Regelungen.

> Daher benötigt jedes Unternehmen ein rechtliches Gerüst – die Rechtsform.

Die Festlegung auf eine Rechtsform erfolgt nicht dauerhaft. Von Zeit zu Zeit muss überprüft werden, ob die rechtlichen Rahmenbedingungen noch zum Unternehmensziel, der Unternehmensgröße, dem Standort, der geschäftlichen Ausrichtung, dem Leitbild usw. passen.
Aufgrund der Komplexität befasst sich ein eigener Teilbereich der Betriebswirtschaft mit den Fragen der rechtlichen Verflechtungen, nämlich das Wirtschaftsrecht.

Bei der Wahl oder Umstellung einer Rechtsform sind viele Fragen zu beantworten, z.B.:

- Wie viele Gründer sind beteiligt?
- Inwieweit wollen sich die Gründer engagieren?
- Wie viel Eigenkapital steht zur Verfügung?
- Wie ist die geschäftliche Ausrichtung?
- Wie soll der Gewinn verteilt werden?
- Wo soll der Betriebsstandort künftig sein?

- Soll das Unternehmen international agieren?
- Welche Betriebsgröße ist geplant?

Das deutsche Recht unterscheidet einige grundlegende Rechtsformen und daraus hervorgegangene Mischformen. Im Folgenden sollen die wichtigsten Rechtsformen des Privatrechts in einer Übersicht vorgestellt und einige Merkmale zur Unterscheidung benannt werden.

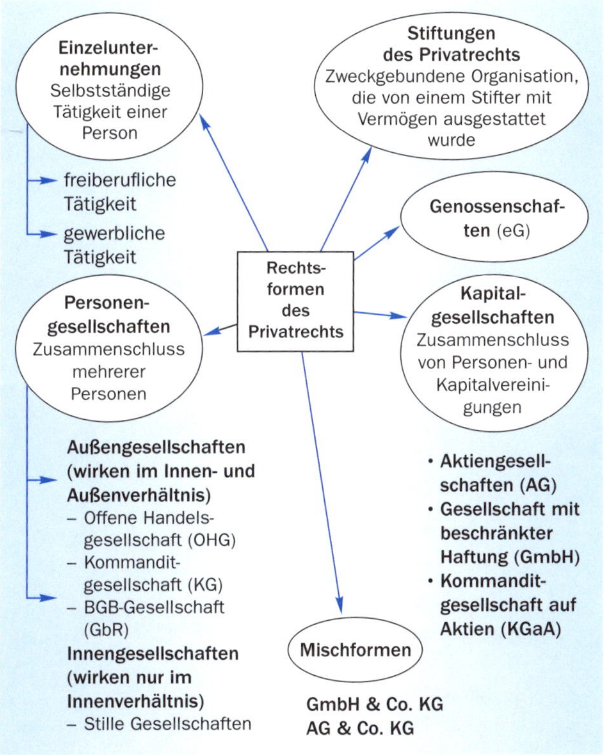

Abb. 7: Die wichtigsten deutschen Rechtsformen in der Übersicht

Merkmale der Rechtsformen

Rechtsform	Rechts-grundlage	Wesen	Firma	Rechtsfähig
Einzelunter-nehmen	§§ 1–104 HGB, BGB	Handelsbetrieb, Gewerbebetrieb, Vollkaufmann oder Minderkauf-mann	Vor und Zuname des Inhabers oder Etablisse-mentsbezeich-nung mit Inha-berangabe	Formfreiheit, rechtsfähig ist nur der Inhaber
Gesellschaft bürgerlichen Rechts GbR	§§ 705–740 BGB	Personengesell-schaft, Grund-form des Gesell-schaftsrechts	Vor- und Zuname aller Gesell-schafter und „GbR", Etablisse-mentsbezeich-nung mit Inha-berangabe und „GbR"	Formfreiheit, rechtsfähig sind nur alle Gesell-schafter gemein-sam, mind. zwei Gesellschafter
Offene Han-delsgesell-schaft OHG	§§ 105–160 HGB, §§ 705–740 BGB	Personengesell-schaft, Gesell-schaft für den Vollkaufmann mit Handelsge-werbe und per-sönlicher Mitar-beit der Gesellschafter	Vor und Zuname aller oder eines Gesellschafters, dann mit Zusatz Personenfirma (z.B. Müller & Co. OHG)	Formfreiheit, rechtsfähig nur durch alle oder mind. zwei Ge-sellschafter, Ein-trag ins Handels-register
Kommandit-gesellschaft KG	§§ 105–160 und §§ 161–177 HGB, §§ 705–740 BGB	Personengesell-schaft, wie OHG bei teils be-schränkter und unbeschränkter Haftung, Gesell-schafter können natürliche und juristische Perso-nen sein,	Name der Voll-hafter oder min-destens eines Vollhafters, dann mit Gesell-schaftszusatz (z.B. Müller & Co. KG)	Formfreiheit, rechtsfähig nur durch alle oder mind. zwei Ge-sellschafter, Ein-trag ins Handels-register

Mindest-kapital	Haftung	Gewinn/ Verlust	Geschäftsführung/ Vertretung	Auflösungsgründe
beliebig	Inhaber mit seinem Privat- und Geschäftsvermögen	steht dem Inhaber allein zu	Inhaber vertritt die Unternehmung nach innen und außen, bei Vollkaufmann Prokura	Tod des Inhabers, Konkurs, Umwandlung der Rechtsform
beliebig, Sach- und Geldkapital, Leistungen	unbeschränkt, gesamtschuldnerisch, Beschränkung auf Gesellschaftsvermögen möglich bei GbRmbH	i.d.R am Ende des Geschäftsjahres zu gleichen Teilen oder nach Gesellschaftsvertrag	gemeinschaftlich oder nach Gesellschaftsvertrag bestimmt, Prokura/Vollmacht möglich, Stimmrecht nach Köpfen oder einstimmig	u.U. Kündigung eines Gesellschafters, Auflösungsbeschluss bei Zweckerreichung, Tod eines Gesellschafters (gesellschaftsvertragliche Nachfolgeregelung), Konkurseröffnung über das Vermögen eines Gesellschafters
beliebig, Sach- und Geldkapital, Leistungen	unbeschränkt, gesamtschuldnerisch, unmittelbar, Beschränkung auf Gesellschaftsvermögen ist nicht möglich	4 % Verzinsung des Kapitalanteils, Rest nach Köpfen oder Rest nach gesellschaftervertraglicher Regelung	Innenverhältnis: jeder Gesellschafter mit Widerspruchsrecht jedes anderen Gesellschafters, außergewöhnliche Geschäfte durch Gesamtbeschluss, andere Regelungen im Gesellschaftervertrag möglich; Außenverhältnis: Einzelvertreterbefugnis (§ 125 HGB), Gesamtvertreterbefugnis lt. Handelsregistereintrag, klare Regelung (§ 109 HGB) im Gesellschaftervertrag erforderlich	Beschluss aller Gesellschafter, Konkurs eines Gesellschafters oder der Gesellschaft, Tod/Kündigung eines Gesellschafters, Nichtauflösung bei Gestaltungsmöglichkeiten im Gesellschaftervertrag wie: einfache/qualifizierte Fortsetzungs-, Eintritts-, Nachfolgeklausel
beliebig, Sach- und Geldkapital, Leistungen	Komplementäre sind Vollhafter, haften unbeschränkt, gesamtschuldnerisch, unmittelbar mit Gesellschafter- und Privatvermögen,	4 % Verzinsung des Kapitalanteils, Rest nach Köpfen oder Rest nach gesellschaftervertraglicher Regelung, kein Recht auf	Innenverhältnis: nur Vollhafter, Widerspruchsrecht jedes anderen Vollhafters, andere Regelungen im Gesellschaftervertrag möglich; Außenverhältnis: Einzelvertreterbefugnis, Gesamtvertreterbefugnis lt. Handelsregistereintrag, Teilhafter sind	Beschluss aller Gesellschafter, Konkurs eines Gesellschafters oder der GmbH, Kündigung eines Gesellschafters, bei Tod rücken Erben nach, Ausschluss durch Nachfolgeklausel oder Zurückweisungsrecht, Nichtauflösung bei Gestaltungsmöglich-

Rechtsform	Rechtsgrundlage	Wesen	Firma	Rechtsfähig
Kommanditgesellschaft (Forts.)		Mischformen: OHG und Co. KG, GmbH & Co. KG		
Gesellschaft mit beschränkter Haftung GmbH	GmbH-Gesetz	Kapitalgesellschaft, kleinerer Gesellschafterkreis, für kleinere und mittelständische Unternehmen, starkes Gesellschafterinteresse	Sach- oder Personenfirma, mindestens ein Gesellschafter mit GmbH (§ 4 GmbHG) z.B. Max Müller GmbH	Juristische Person mit Eintrag ins Handelsregister, notarielle Beurkundung der Satzung (§ 3 GmbHG); Satzungsänderung mit ¾-Mehrheit und notarieller Beurkundung, Ein-Mann-GmbH möglich
Aktiengesellschaft AG	Aktiengesetz	attraktiv für Großunternehmen und internationale Ausrichtung, anonyme Gesellschafter, leichte Kapitalbeschaffung	Gegenstand der Firma und Zusatz „AG“, seltener: Personenfirma mit Zusatz „AG“ (Bsp. Bayerische Motoren Werke AG, Daimler AG)	Juristische Person, mit Handelsregistereintrag, Satzung erfordert notarielle Beurkundung, Ein-Mann-AG ist möglich

Mindest-kapital	Haftung	Gewinn/ Verlust	Geschäftsführung/ Vertretung	Auflösungsgründe
	Kommanditisten sind Teilhafter und haften nur mit ihrer Einlage	Privatentnahme für Kommanditisten	ausgeschlossen, können zu Prokuristen/ Bevollmächtigten bestellt werden	keiten im Gesellschaftervertrag: einfache/ qualifizierte Fortsetzungs-, Eintritts-, Nachfolgeklausel
Mindestens 25.000 € Mindestens 100 €/Gesellschafter Bareinlagen zu einem Viertel, Sacheinlagen in voller Höhe	Gesellschafter haften mit ihrer Einlage, bei schuldhafter Pflichtverletzung mit dem Privatvermögen mit Fünf-Jahres-Bindung	nach Anteilen oder nach Gesellschaftervertrag	GF darf kein Gesellschafter sein, er muss eine natürliche Person sein (Ausnahme GmbH & Co. KG), vertritt GmbH nach innen und außen, Handelsregistereintrag ist zwingend, GF unterliegt dem Wettbewerbs- und Selbstkontrahierungsverbot, GF ist weisungsgebunden, Kontrollorgan wird durch Gesellschafter gestellt (Beirat, Gesellschafterausschuss), ab 500 Mitarbeiter (§ 77 BetrVerfG) ist hierzu ein Aufsichtsrat vorgeschrieben	nach Zeitablauf, bei ¾-Mehrheit nach Gesellschafterbeschluss, durch Konkurseröffnung über das Gesellschaftsvermögen u.a.
mindestens 50.000 €, Anteile werden durch Aktien erworben (mind. ein € Nennwert)	Aktionäre haften nur mit ihrem Anteil, Ausschluss der Privathaftung mit Handelsregistereintrag, AG haftet mit ihrem Gesellschaftsvermögen in voller Höhe	nach Verhältnis der Aktiennennbeträge, anderes kann per Satzung vereinbart werden, nach Jahresabschluss beschließt die Hauptversammlung die Gewinnverwendung (Ausschüttung oder Thesaurierung), Abschläge an Aktionäre sind möglich	GF übernimmt der Vorstand, mind. eine Person, bei Geltung des MontanMitbG ein Arbeitsdirektor erforderlich, Vorstand arbeitet eigenverantwortlich, Aufsichtsrat ist dessen Kontrollorgan, Aufsichtsrat: 3-21 Mitglieder, max. für fünf Jahre bestellt, Hauptversammlung: Organ der Aktionäre, Aktionärsvertreter für vier Jahre wählbar, Beschlüsse über Satzung, Grundfragen, Entlastung der Organe, Gewinnverwendung mittels einfacher oder qualifizierter Mehrheit	Zeitablauf, Hauptversammlungsbeschluss, Konkurseröffnung über das Gesellschaftsvermögen u.a.

In der Europäischen Union ansässige Unternehmen haben darüber hinaus auch die Wahl zwischen weiteren europäischen Rechtsformen, die auszugsweise benannt werden sollen:

- Europäische wirtschaftliche Interessengemeinschaft – EWIV: wird in der EWG-Verordnung 2137/85 näher beschrieben. Sie bietet kleinen und mittleren Unternehmen, Freiberuflern, Landwirten, Verbänden oder öffentlich-rechtlichen Körperschaften die Möglichkeit zur grenzüberschreitenden Zusammenarbeit in Europa durch Zusammenschluss von Mitteln, Tätigkeiten oder Erfahrungen und hat nicht die Erzielung von Gewinnen zum Ziel.
- Europäische Genossenschaft (Societas Cooperativa Europea – SCE): wird geregelt über die EG-Verordnung 1435/2003. Die SCE fördert ihre Mitglieder auf europäischer Ebene. Das Grundkapital wird genossenschaftsüblich in Genossenschaftsanteile zerteilt. Der Sitz der SCE muss in einem europäischen Land eingetragen und in der Satzung festgehalten sein. Die Gründungsmitglieder können natürliche oder juristische Personen sein, die in zwei Mitgliedsstaaten ansässig sind. Ebenso ist eine Umwandlung einer bestehenden Genossenschaft oder der Zusammenschluss mehrerer Genossenschaften verschiedener Mitgliedsstaaten möglich.
- Europa-Aktiengesellschaft (Societas European – SE): ist mit Festlegung in der EG-Verordnung 2157/2001 eine Alternative zur deutschen Aktiengesellschaft. Die SE muss ihren Sitz in einem europäischen Land haben und zwei Rechtsaspekte berücksichtigen: die Verordnung über das Statut der Europäischen AG und die Richtlinien über die Stellung der Arbeitnehmer in der Europäischen Union.
- Private Limited Company by shares – Ltd.: ist in der europäischen Union beliebt, wegen ihrer geringen Stammeinlage und der schnellen Gründung. Sie ist die britische Aktiengesellschaft und auch für kleine und

mittlere Unternehmen attraktiv. Größere oder börsennotierte Unternehmen wählen die Form der Public Limited Company – PLC. Beide Limited-Gesellschaften müssen im britischen Handelsregister eingetragen werden, um rechtsfähig zu sein. Zudem ist eine zustellfähige Adresse (Registered Office) in Großbritanien erforderlich, um den offiziellen Behörden-Schriftverkehr abzuwickeln.

4.2 Bestimmung der optimalen Rechtsform

Für die Bestimmung der optimalen Rechtsform bietet die Betriebswirtschaftslehre kein zuverlässiges Werkzeug, welches in der Lage ist, alle wesentlichen Entscheidungskriterien objektiv zu messen. Der Grund liegt in der Vielfalt der subjektiv bewertbaren Größen.
Mithilfe einer Entscheidungsmatrix kann aber eine Rangfolge gebildet werden, welche zumindest eine Vorauswahl der für das Unternehmen in Frage kommenden Rechtsformen darstellt. Das Vorgehen im Einzelnen:

- Schritt 1: Ermittlung der für das Unternehmen wichtigen Zielkriterien, welche die neue Rechtsform möglichst gut erfüllen soll, z.B.:
  - Haftung soll minimal sein
  - Fremdfinanzierungsmöglichkeiten sollen gut gegeben sein
  - Gewinnbeteiligung der Gründer soll maximal sein
  - Steuerbelastung soll möglichst niedrig sein etc.

- Schritt 2: Die gewählten Zielkriterien erhalten eine deklarierte Gewichtung und werden nun im Rahmen einer Nutzwertanalyse mit den anderen möglichen Rechtsformen verglichen. Die Rechtsform mit der höchsten Punktzahl (höchster Nutzwert) kommt in die engere Wahl.

- Schritt 3: Die ausgewählten Rechtsformen – im folgenden Beispiel die AG und vielleicht noch die KG – werden auf weitere Details, welche für die Unternehmung wichtig sind, hin überprüft. (Im Beispiel können auch mehrere AG-Varianten in einer weiteren Entscheidungsmatrix ausgewertet werden.)

- Schritt 4: Eine Entscheidung wird getroffen.

Hierzu ein Beispiel:

A	B	C	D				E
Auswahlkriterien	Ziel	Gewichtung (4=hoch)	Werte der Rechtsformen für die Auswahlkriterien (Gewichtung mal Bewertungspunkte, s.u.)				
			Einzelunternehmen	oHG	KG	AG	*Ideal*
Haftung	minimieren	1	1 x 2 = 2	1 x 2 = 2	1 x 4 = 4	1 x 5 = 5	*5*
Fremdfinanzierung	maximieren	4	4 x 2 = 8	4 x 2 = 8	4 x 4 = 16	4 x 5 = 20	*20*
Gewinnbeteiligung	maximieren	2	2 x 5 = 10	2 x 5 = 10	2 x 4 = 8	2 x 2 = 4	*10*
Steuerbelastung	minimieren	3	3 x 4 = 12	3 x 2 = 6	3 x 2 = 6	3 x 5 = 15	*15*
Nutzwerte			**32**	**26**	**34**	**44**	*50*

Bewertungspunkte: sehr gut = 5, gut = 4, mittelmäßig = 2, schlecht = 1, sehr schlecht = 0

Abb. 8: Beispiel einer Entscheidungsmatrix zur Rechtsformwahl

Erläuterungen zur Entscheidungsmatrix:

- Der Bereich A stellt die Auswahlkriterien dar, welche dem Unternehmen wichtig sind. In der Realität ist die Anzahl der Auswahlkriterien wesentlich höher, hier ist nur ein stark reduziertes Muster abgebildet.

- Der Bereich B zeigt an, in welche Richtung das Kriterium ausgeprägt werden soll, im Fall der Haftung beispielsweise soll diese minimiert werden, d.h. möglichst gering gehalten werden.

- Der Bereich C gibt die Gewichtung der einzelnen Auswahlkriterien an. Diese Gewichtung ist das Ergebnis eines vorangegangenen Abwägungsprozesses.

- Der Bereich D zeigt die Einzelwerte der ausgewählten Rechtsformen (auch hier aus Darstellungsgründen ein kleiner Auszug). Hier werden die Gewichtungspunkte mit den Bewertungspunkten multipliziert. Diese Multiplikation ergibt den Nutzwert der Rechtsform bezüglich eines einzelnen Auswahlkriteriums. Die Skala der Bewertungspunkte ist hier frei gewählt von 5 bis 0. Beispielsweise ist die Gewichtung der Fremdfinanzierungsmöglichkeiten mit 4 angegeben, also wird sie in diesem Fall von den Entscheidern als das wichtigste Kriterium gesehen.

- Der Bereich E stellt die maximalen Punkte dar, also das Ideal, und dient der Orientierung. In dieser Entscheidungsmatrix verspricht die AG mit 44 Punkten den höchsten Nutzwert.

4.3 Die Wahl des richtigen Standorts

Die Auswahl des Standorts ist für die meisten Unternehmen eine langfristig gültige Entscheidung. Der Standort beeinflusst im hohen Maße die Umsatz-, Kosten- und/oder die Innovationsentwicklung. Die Gründe, die ein Unternehmen veranlassen, einen bestimmten Standort auszuwählen, werden Standortfaktoren genannt. Das sind:

- Materialorientierung: Hier ist die Höhe der Transportkosten der Maßstab für die Entscheidung. Die zentrale Frage lautet: An welchem Standort entstehen uns die niedrigsten Transportkosten für die benötigten Rohstoffe?

- Arbeitsorientierung: Hier gibt es mehrere Möglichkeiten.
  - Maßstab Kosten: Wo finden wir die niedrigsten Löhne?
  - Maßstab Image: Wo gibt es Arbeitskräfte, welche bereit sind, in unserem Unternehmen zu arbeiten?
  - Maßstab Bildung: An welchem Standort befinden sich die qualifiziertesten Arbeitskräfte?
  - Maßstab demografische Entwicklung: Wo finden wir noch genügend Arbeitskräfte?

- Energieorientierung: Hier gibt es mittlerweile wieder Fragestellungen.
  - Maßstab Kosten: Wo können wir mit günstiger Energie rechnen?
  - Maßstab Versorgungssicherheit: Wo haben wir keine Energieversorgungsprobleme?
  - Maßstab Image: Wo können wir „saubere Energie" nutzen?

- Verkehrsorientierung: Hier steht im Mittelpunkt die Frage nach der Verkehrsinfrastruktur (Verkehrsknotenpunkte, Möglichkeiten des Warenumschlags, Volumenbewältigung, z.B. von Flug- und Seehäfen) und natürlich die Frage nach den damit verbundenen Kosten.

- Abgabenorientierung: Hier stellt sich die Frage nach den günstigsten Steuermodellen und den niedrigsten Sozialleistungen.

- Absatzorientierung: Die entscheidende Frage hier lautet: Wie nah sind wir an unseren Kunden? Oder: Wollen unsere Kunden, dass wir vor Ort produzieren?

- Umweltorientierung: Hier steht die Frage im Mittelpunkt: Wo gibt es die wenigsten behördlichen Auflagen? Oder: An welchem Standort verbessern wir unser Image, weil wir behördliche Auflagen übererfüllen?

- Forschungsorientierung: Die Frage lautet: Wo können wir unsere Forschung am besten voranbringen (vgl. Arbeitsorientierung und Umweltorientierung)? Und: Wo gibt es die wenigsten Forschungsrestriktionen?

- Subventionsorientierung: Wo erhalten wir die meisten Forschungsmittel für unsere Vorhaben?

Auf den Punkt gebracht:

- Es gibt grundlegende Entscheidungen, die allen weiteren einen Rahmen setzen, der nicht überschritten werden kann, diese heißen Metaentscheidungen.
- Zu diesen Metaentscheidungen gehören die Wahl der Rechtsform und des Standortes.
- Im Unternehmen besteht ein Innenverhältnis und ein Verhältnis nach außen. Jedes Unternehmen benötigt ein rechtliches Gerüst – die Rechtsform. Die Festlegung auf eine Rechtsform erfolgt nicht auf Dauer.
- Die Standortentscheidung bindet das Unternehmen langfristig und engt weitere Entscheidungen wie Mitarbeiterauswahl, Bautätigkeiten, Preisgestaltung, Kunden- und Lieferantenzugang etc. entscheidend ein.
- Für beide Entscheidungen – Rechtsform- und Standortwahl – sind deshalb Instrumente zur Informationsfindung und -auswertung unabdingbar.

5 Der betriebliche Leistungsprozess

Die Organisation der Wertschöpfung

Der betriebliche Leistungsprozess besteht aus vier Grundfunktionen, nämlich

- der Beschaffung,
- der Produktion,
- dem Absatz und
- der Finanzierung.

Die Unternehmen befinden sich dabei in einem ständigen Austausch mit ihrem Umfeld. Dieses Umfeld besteht aus anderen Unternehmen, den privaten Haushalten, dem Staat und den Kapitalgebern, welche sich entweder im Inland oder im Ausland befinden.
Dieser Austauschprozess wird in der Wirtschaftslehre als Kreislauf verstanden, welcher aus zahlreichen gegenseitigen Abhängigkeiten besteht. Die Führungskräfte sind für deren gewinnbringende Ausrichtung verantwortlich. Gewinnbringend bedeutet hier: Die Umsatzleistung (Output) soll größer sein als der Faktoreinsatz (Input).
Dieser Prozess der Leistungserstellung wird auch Wertschöpfungsprozess genannt.

5.1 Die Beschaffung

Die Beschaffungsverantwortlichen innerhalb einer Organisation haben zwei Aufgaben:

- Technische Aufgabe, d.h. die Produktionsfaktoren (Arbeit, Betriebsmittel und Werkstoffe) in ihrer erforderlichen Art, Güte und Menge zur richtigen Zeit am richtigen Ort zur Verfügung zu stellen.

- Ökonomische Aufgabe, nämlich die Berücksichtigung und Optimierung der Erfolgsziele bei der Beschaffung. Hier gilt es, die Beschaffungskosten zu senken bzw. auf relativ niedrigem Niveau zu halten. Hierzu zählen die Kosten der Lagerhaltung, der Bezugskosten, der Einkaufspreise und das Verhindern von Fehlmengen, welche u.U. Konventionalstrafen nach sich ziehen können.

Die Beschaffung sowohl von Arbeitskräften, von Betriebsmitteln als auch von Werkstoffen lässt sich durch die Reduktion auf diese beiden Aufgaben vereinheitlichen. In der Umsetzung erfordern diese Bereiche zwar ähnliche Vorgehensweisen, aber unterschiedliche Qualifikationen zur Erfüllung ihrer Aufgaben.

Personalbereitstellung

Der Personalbereich eines Unternehmens ist zuständig für die Auswahl des richtigen Personals. Die Aufgabe des Personalbeschaffungsprozesses kann in drei wesentlichen Stufen nachvollzogen werden:

- Ermittlung des Personalbedarfs
  Im Rahmen der Personalbedarfsplanung wird ermittelt, wie viele Arbeitskräfte wo und in welchem Zeitraum benötigt werden und welche Anforderungen diese erfüllen müssen. Die gesamte Personalbedarfsplanung erfolgt unter Berücksichtigung des Produktprogramms, der Arbeitsproduktivität und die Kapazitätsauslastung.

- Organisation der Personalbeschaffung
  Im Rahmen der Personalbeschaffungsplanung wird der Ist-Zustand an vorhandenen Mitarbeitern festgestellt und deren zukünftige Entwicklung in quantitativer und qualitativer Hinsicht ermittelt. Quantitativ, weil in einem Personalbestand immer Bewegungen, beispielsweise durch Urlaub, Kündigung oder Ruhestand, gegeben

sind; qualitativ, weil die Mitarbeiter durch ihre Einbindung in den Unternehmensprozess auch einem Lernprozess ausgesetzt sind, welcher ihr Können und Wissen verändert.
Die Ergebnisse dieser zukunftsorientierten Betrachtung dienen den Entscheidern als Grundlage für die quantitative und qualitative Personalbeschaffung. Ebenso können die Ergebnisse beim Abbau von Personal genutzt werden.

- Planung des Personaleinsatzes
  Hier wird der Personaleinsatzplan konfiguriert. Dieser gibt Auskunft über das Wo, Wann und Wie des Mitarbeitereinsatzes.
  Bei der Personalbedarfsplanung spielt die Produktivität der menschlichen Arbeitskraft eine wesentliche Rolle. Der Grad der Produktivität wird dabei von drei wesentlichen Faktoren beeinflusst, die es zu optimieren gilt:
  - Arbeitsverfahren
  - Arbeitszeit und Arbeitstempo
  - Arbeitsplatzeinrichtung

  Des Weiteren sind die Mitarbeiter jeweils mit den Arbeiten zu beauftragen, die ihren Eignungen entsprechen.

Betriebsmittelbereitstellung

Die Betriebsmittel bilden die Infrastruktur des Unternehmens. Dies können Grundstücke, Bauten, Maschinen etc. sein.

Die Aufgabe der Betriebsmittelbereitstellung lässt sich in vier ineinander verwobene Stufen aufteilen:

- Ermittlung des Betriebsmittelbedarfs
  Maßstab für die zu beschaffenden Betriebsmittel ist der Bedarf an quantitativer und qualifizierter Kapazität.

Personalkennzahlen

Struktur der Mitarbeiter	$\frac{\text{Arbeiter}}{\text{Angestellte}}$ oder $\frac{\text{Männliche (bzw. weibliche) Mitarbeiter}}{\text{Mitarbeiter gesamt}}$
Fluktuationsgrad	$\frac{\text{Abgänge von Mitarbeitern}}{\text{Mitarbeiterzahl}}$ bzw. $\frac{\text{Entlassungen + Neueinstellungen}}{\text{Mitarbeiterzahl}}$
Durchschnittliche Betriebszugehörigkeit	$\frac{\text{Gesamte Dienstjahre der Mitarbeiter}}{\text{Mitarbeiterzahl}}$
Entlassungskoeffizient	$\frac{\text{Entlassungen}}{\text{Mitarbeiterzahl}}$
Altersstruktur	$\frac{\text{Zahl der Mitarbeiter in einer bestimmten Altersgruppe}}{\text{Gesamtzahl der Mitarbeiter}} \cdot 100$
Personalzugang	$\frac{\text{Zahl der Personalzugänge}}{\text{durchschnittliche Mitarbeiterzahl}} \cdot 100$
Krankenquote	$\frac{\text{Zahl der Kranken}}{\text{Gesamtzahl der Mitarbeiter}} \cdot 100$
Krankenstandquote	$\frac{\text{Anzahl der Krankentage}}{\text{Sollarbeitszeit}} \cdot 100$

Durchschnittlicher Personalaufwand	$\frac{\text{Gesamter Personalaufwand}}{\text{Gesamtzahl der Mitarbeiter}}$
Leistung je Mitarbeiter	$\frac{\text{Umsatzerlöse}}{\text{Mitarbeiterzahl}}$
Cashflow je Mitarbeiter	$\frac{\text{Cashflow}}{\text{Gesamtzahl der Mitarbeiter}}$
Mitarbeitereffektivität	$\text{Verfügbarkeit} \cdot \text{Leistung} \cdot \text{Qualität}$
Verfügbarkeitsquote	$\frac{\text{Verfügbare Zeit} - \text{Ausfallzeiten}}{\text{Verfügbare Zeit}} \cdot 100$
Leerzeitenquote	$\frac{\text{Unproduktive Zeit}}{\text{Istzeit}} \cdot 100$
Fehlzeitenquote	$\frac{\text{Alle Fehlzeiten in Tagen}}{\text{gesamte Werktage einer Periode}} \cdot 100$
Überstundenzuschlagsquote	$\frac{\text{Überstundenzuschläge in Zeiteinheiten}}{\text{vereinbarte Arbeitszeit}} \cdot 100$
Überstundenquote	$\frac{\text{Überstunden}}{\text{normale Arbeitszeit}} \cdot 100$
Ausbildungsquote	$\frac{\text{Anzahl der Auszubildenden}}{\text{Gesamtzahl der Mitarbeiter}} \cdot 100$
Personalkostenintensität	$\frac{\text{Personalkosten}}{\text{Umsatz}}$

Dabei sind verschiedene Bedarfe zu unterscheiden, nämlich:
- Neubedarf (bei Gründung bzw. Umstrukturierung)
- Erweiterungsbedarf
- Ersatzbedarf = Modernisierungsbedarf

◆ **Planung der Betriebsmittelbeschaffung**
Hier geht es um die Auswahl geeigneter Lieferanten und die Frage, ob die Betriebsmittel gekauft, gemietet oder geleast werden sollen. Auch die Berücksichtigung, ob bestimmte Betriebsmittel durch Eigenfertigung dem Unternehmen zur Verfügung gestellt werden sollen, spielt hier eine Rolle. Zudem wird auch der Zeitpunkt des Betriebsmitteleinsatzes entschieden.

◆ **Planung des Betriebsmitteleinsatzes**
In dieser Stufe wird die optimale Kombination der einzelnen Betriebsmittel und die technischen Verfahren festgelegt.

◆ **Planung der Wartung und Instandhaltung des Betriebsmittelbestandes**
Zum reibungslosen Prozessablauf der Leistungserstellung wird der Verschleiß der eingesetzten Betriebsmittel überwacht und durch Vereinbarung und Abarbeitung von geeigneten Wartungs- und Instandhaltungsplänen gering gehalten. Die Betriebsfähigkeit der Anlagen wird so lange aufrecht erhalten, wie es wirtschaftlich vertretbar ist.
Alle Betriebsmittel mit Ausnahme von Grundstücken sind einer technischen Abnutzung ausgesetzt, d.h., sie erfahren durch den täglichen Gebrauch eine Wertminderung. Diese Tatsache hat auf die Finanzierungspolitik und die gesamte Preisgestaltung des Unternehmens weitreichende Auswirkungen und wird deshalb in den Kapiteln Finanzierung und Rechnungswesen weiter thematisiert. Die Wertminderung (Werteverzehr) wird als

Aufwand, im Rechnungswesen als Abschreibung, verstanden.
Die Vorteilhaftigkeit der Betriebsmittel wird an folgenden Determinanten abgelesen:

<table>
<tr><th colspan="5">Betriebsmittel</th></tr>
<tr><th colspan="3">Technischer Leistungsstand</th><th colspan="2">Technische Eignung</th></tr>
<tr><td rowspan="3">Modernität</td><td rowspan="3">Abnutzungsgrad</td><td rowspan="3">Betriebsfähigkeit</td><td>Kapazität</td><td>Elastizität</td></tr>
<tr><td colspan="2">quantitativ</td></tr>
<tr><td colspan="2">qualitativ</td></tr>
</table>

Abb. 9: Determinanten der Vorteilhaftigkeit von Betriebsmitteln

Eine Maschine hat eine hohe quantitative Elastizität, wenn zwischen technischer Mindestmenge und technischer Höchstmenge ein großer Abstand liegt, ohne die Stückkosten wesentlich zu verändern.
Sie hat eine hohe qualitative Elastizität, wenn sie vielseitig einsetzbar ist.

Materialbereitstellung

Material wird unterteilt in Rohstoffe, Hilfsstoffe, Halbfabrikate, Betriebsstoffe und Handelswaren.

Ein Unternehmen produziert Schränke und setzt sie per Werksverkauf ab. Das Holz ist der Rohstoff, es bildet den Hauptbestandteil des Produktes. Leim, Schrauben, Lack usw. sind Hilfsstoffe. Einige Schränke erhalten Glastüren, welche fix und fertig in einem Glasbetrieb bestellt werden (Halbfabrikate). Die Maschinen brauchen Schmierstoffe (Betriebsstoffe). Im eigenen Werksverkauf werden auch Dekorationsartikel verkauft, welche komplett in einem Spezialgroßhandel erstanden werden (Handelsware).

Die Aufgaben der Materialbereitstellung lassen sich in zwei Funktionen aufteilen:

- Strategischer Einkauf: Er ist zuständig für die Lieferantenauswahl, die Preisverhandlungen und das Festlegen von Einkaufskonditionen.
- Bestellabwicklung (Logistik): Sie kümmert sich um die richtigen Liefermengen und Lieferzeiten und erfüllt somit die Logistikfunktion.

Der Einkauf und die Logistik werden in einem Unternehmen häufig zusammengefasst. Die Einkaufskosten setzen sich zusammen aus ca. 80% Einkaufspreis und 20% internen Verwaltungs- und Logistikkosten. In Abhängigkeit von der Beschaffungssituation und dem notwendigen Einkaufsumsatz wird die Einkaufsstrategie entwickelt.

Abb. 10: Einkaufportfolio zur Entwicklung einer Einkaufsstrategie

Die Erreichung des materialwirtschaftlichen Optimums bedeutet auf der einen Seite, den notwendigen Materialzufluss zu gewährleisten, und auf der anderen Seite, die Kosten der Materialbeschaffung gering zu halten.
Diese Herausforderung wird zur besseren Handhabung in ihre Teilprobleme zerlegt:

- Mengenproblem: Permanente Abstimmung zwischen Fertigung und Lieferanten über die notwendigen Mengen zum reibungslosen Fertigungsablauf.

- Sortimentsproblem: Permanente Auseinandersetzung mit dem Problem der erforderlichen Werkstoffqualitäten. Vor allem bei Handelsbetrieben muss auch die Frage der Sortimentstiefe und -breite an die vorhandenen Marktbedingungen angepasst werden.
- Raumüberbrückungsproblem: Einsatz zuverlässiger Transporttechniken, um der Gefahr von Verspätungen und transportbedingten Qualitätsverlusten entgegenzuwirken.
- Zeitproblem: Permanente Steuerung und Kontrolle der richtigen Zeitspannen zwischen Bestellzeitpunkt, Lieferzeitpunkt und Materialverwendung unter Berücksichtigung von Kapazitäten, schwankenden Preisen und evtl. notwendigen Reifeprozessen der Ware.
- Kapitalproblem: Verhinderung hoher Kapitalbindung durch Erhöhung der Umschlagshäufigkeit. Permanente Überwachung von Materialbewegungen und gebundenem Kapital in den Beständen.

5.2 Die Leistungserstellung

Im Rahmen der betrieblichen Leistungserstellung werden die erworbenen Produktionsfaktoren in Sach- und/oder Dienstleistungen transformiert. Der Unternehmenszweck entscheidet über den Aufbau und Ablauf der Leistungserstellung.

Die klassische Betriebswirtschaftslehre konzentriert sich bei den Prinzipien der Leistungserstellung auf die Produktionsprozesse innerhalb der Industrie und mit Einschränkungen auch auf das Handwerk. Für andere Betriebszwecke haben sich im Laufe der Zeit spezielle Betriebswirtschaftslehren entwickelt, welche die besonderen Anforderungen beispielsweise an Tourismus-, Handels- und Dienstleistungsunternehmen berücksichtigen.

Die folgenden Erläuterungen beziehen sich auf die speziellen Problemstellungen innerhalb eines Industriebetriebes:

Ablauf der industriellen Fertigung aus der Sicht des Managements

Die Programmplanung ist im Fertigungsprozess in der Art und Weise zu gestalten, dass

- die Produktion ohne Leerlauf abläuft,
- die Auftragsabwicklung fehlerfrei und
- der Personalbestand optimal einsetzbar ist,
- die Kapazitäten optimal ausgelastet sind,
- die erstellten Güter einen hohen Gewinn generieren.

Die Produktionsprogrammplanung besteht aus langfristigen, mittelfristigen und kurzfristigen Entscheidungskomponenten.
Im Rahmen der langfristigen (strategischen) Planung werden das Produktfeld, die Produktlinie und die Produktidee festgelegt. Unter Produktfeld wird das Marktgebiet verstanden, in dem sich ein Produkt ansiedeln lässt. Die Abstimmung hierzu erfolgt eng mit der Marketingabteilung.
Die Produktlinie ist die Gesamtheit aller Produkte, welche aufgrund ihres Aufbaus in enger Beziehung zueinander stehen. Bei der Produktidee kann es sich um eine Innovation (völlig neu), eine Modifikation (Verbesserung) oder eine Differenzierung (angepasst an bestimmte Abnehmergruppen) handeln.

Die mittelfristige Planung (Gültigkeit: drei bis fünf Jahre) erstellt auf Basis der strategischen (langfristigen) Planung das Produktkonzept. Dieses Konzept beinhaltet die Zahl der herzustellenden Produkte und die Zahl der Produktvarianten (Programmdichte). Es beinhaltet auch die notwendigen Entscheidungen zu den Fertigungsstufen (Produktionsprogrammtiefe): Welche Fertigungsanteile sollen in Eigen- bzw. in Fremdfertigung hergestellt werden?
Die kurzfristige Planung (Gültigkeit: sechs bis zwölf Monate) berücksichtigt die vorliegenden Engpässe und ermittelt die gewinnmaximalen Mengen je Produkt.

Wertanalyse

In angemessenen Zeitabständen sind die herzustellenden Erzeugnisse in ihrer Ausführung, Form, Größe, Mode oder Farbe auf ihre Zweckmäßigkeit hin zu überprüfen. Hierzu wird eine Wertanalyse angefertigt, die Kosteneinsparungspotenziale aufdecken soll.

5.3 Der Absatz

Beim Absatz wird das Abhängigkeitsverhältnis des Unternehmens zu seinem Umfeld am deutlichsten, vor allem dann, wenn der Absatzmarkt ein Käufermarkt ist.

> Bei einem Käufermarkt ist das Angebot größer als die Nachfrage, es liegt ein Angebotsüberhang vor. Bei einem Verkäufermarkt ist das Angebot kleiner als die Nachfrage, hier liegt ein Nachfrageüberhang vor.

Dieser Umstand bedingt, dass die Absatzpolitik der Unternehmen eine stark marktorientierte Prägung hat. Das Denken vom Kunden her ist die Herausforderung, der sich das Unternehmen jeden Tag stellen muss.
Für die erfolgreiche Organisation gilt es, beeinflussbare und nicht beeinflussbare Marktgegebenheiten zu kennen und hier Marketingaktivitäten entsprechend anzusetzen. Vorausschauendes Agieren und schnelles Reagieren haben erfolgreichen Absatz zur Folge. Eingebettet werden die Absatzaktivitäten in ein Marketingkonzept.

Typisch für jede Marketingkonzeption sind die folgenden Merkmale:

- systematische Analyse der Verhaltensmuster aller Gruppen, welche maßgeblich den Absatzerfolg bestimmen (Käufer, Handel, Wettbewerber, Staat, Medien etc.),
- die methodische Erforschung und Erschließung der Märkte,

◆ die zielgruppenorientierte Beeinflussung der Marktteilnehmer im Sinne des Unternehmens
◆ und die organisatorische Implementierung des Marketinggedankens in allen Unternehmensbereichen.

Will ein Unternehmen am Markt bestehen, sind die Aufgaben des Marketings also weiter zu fassen als die traditionellen Aufgaben der Absatzabteilung. In ihr ging es um den Verkauf der eigenen Produkte zu möglichst guten Preisen und Konditionen.
Die von den Absatzverantwortlichen angewandte Instrumentensammlung ist unter dem Begriff Marketing-Mix geläufig. Unter diesem Begriff sind alle Aktivitäten zu verstehen, die dazu dienen, die gesetzten Absatzziele zu erreichen und die Marktteilnehmer zu beeinflussen.
Der Marketing-Mix wird der besseren Übersicht halber auf vier Hauptbereiche verteilt:
◆ Produktpolitik
◆ Kontrahierungspolitik
◆ Kommunikationspolitik
◆ Distributionspolitik

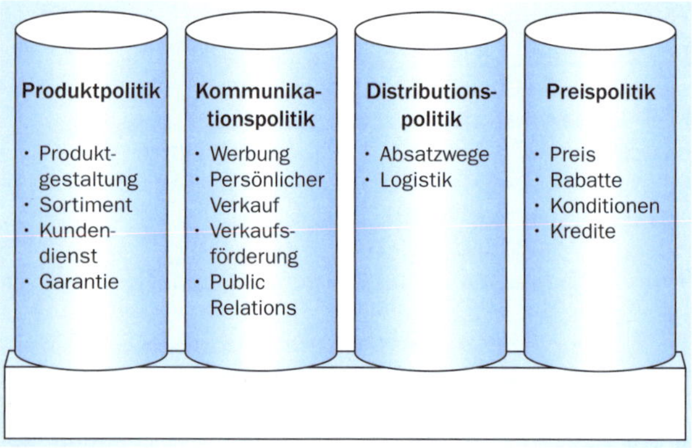

Abb. 11: Bestandteile des Marketing-Mix

Jeder dieser Hauptbereiche ist als eine Art Lager zu verstehen und aus allen „Lagern“ ist dann je nach Marktsituation eine wirkungsvolle Kombination auszuwählen.

Da die angesprochenen Zielgruppen und Teilmärkte keine in sich geschlossene, homogene Gruppe darstellen, sondern jede für sich, unter Umständen bis zum einzelnen Kunden heruntergebrochen, eine individuelle Sicht auf das Unternehmen und seine Produkte einnimmt, gibt es DEN optimalen Marketing-Mix nicht.

Eine gute Absatzorganisation ist daran erkennbar, dass sie in der Lage ist, auf der einen Seite ihren Beitrag zu den Unternehmenszielen zu leisten und auf der anderen Seite den sich wandelnden Bedürfnissen der Zielgruppen gerecht zu werden. Eine professionelle Marketingabteilung sieht hier keinen Widerspruch.

Die Gradmesser, die für alle Marketingkonzeptionen gelten, sind Absatzerfolg, Marktanteil, das Umsatz- und Absatzvolumen und die Rentabilität.

Praxistipp

Der Weg zu optimalen Ergebnissen erfordert je nach angebotenen Leistungen unterschiedliche Marketingansätze und somit unterschiedliche Instrumenteneinsätze.

Dies soll kurz an zwei Beispielen verdeutlicht werden:

- Konsumgütermarketing: Hier dreht sich alles um eher kurzlebige Produkte, welche von privaten Haushalten für den persönlichen Gebrauch bzw. Verbrauch erworben werden. Die meisten Kaufentscheidungen erfolgen nicht rational, sondern basieren auf Gewohnheit oder Spontaneität. Hier wird der Marketing-Mix auf den Schwerpunkt Produkt- und Kommunikationspolitik ausgerichtet – es gilt, die Konsumenten emotional zu einer Kaufentscheidung zu bewegen.

- Investitionsgütermarketing: Hier handelt es sich um eher langlebige Güter, welche von Käufern nachgefragt werden, die in der Regel rationale Kaufentscheidungen treffen, d.h., eine Kaufentscheidung fällt erst nach sorgfältiger Abwägung von Vor- und Nachteilen. Die Informations- und Beratungskomponenten des Marketing-Mix stehen hier im Vordergrund.

Alle Marketingaktivitäten sind selbstverständlich auch im Hinblick auf das Verhalten der Konkurrenten abzustimmen. Folgende Fragen sind dabei zu berücksichtigen:

- Wie sind die Konkurrenten mit sachlichen und personellen Ressourcen ausgestattet?
- Welche Strategien und Ziele verfolgt die Konkurrenz?
- Bis zu welchem Grad ist die Konkurrenz in der Lage, unsere Produkte zu ersetzen?

Auf den Punkt gebracht:

- Der betriebliche Leistungsprozess besteht aus der Beschaffung, der Produktion und dem Absatz.
- Die Beschaffung richtet ihr Augenmerk auf die Auswahl und Zuführung der Produktionsfaktoren Arbeit, Betriebsmittel und Werkstoffe in erforderlicher Art, Güte und Menge.
- In der Leistungserstellung selbst werden die erworbenen Produktionsfaktoren in Sach- und/oder Dienstleistungen transformiert.
- Der Unternehmenszweck entscheidet über den Aufbau und Ablauf der Leistungserstellung.
- Der Absatz erforscht und erschließt Märkte, beeinflusst die Marktteilnehmer und implementiert in Abstimmung mit der Geschäftsleitung den Marketinggedanken in allen Unternehmensbereichen. Letztendlich wird hier festgelegt, wie hoch der Umsatz eines Unternehmens ausfällt.
- Über den Umsatz werden wiederum die Produktionsfaktoren bezahlt und ein Gewinn generiert, der dem Unternehmen ein langfristiges Überleben ermöglichen soll.

6 Der betriebliche Finanzprozess

Die Kunst des gewinnbringenden Kapitaleinsatzes

In den Prozess der Leistungserstellung wird permanent investiert, d.h. Kapital gebunden mit dem Ziel, es gewinnbringend wieder freizusetzen.
Dies hat zur Folge, dass der güterwirtschaftliche Leistungsprozess mit dem finanzwirtschaftlichen eng verwoben ist.

> Das oberste finanzwirtschaftliche Ziel ist die Generierung von Gewinn.

Deshalb gilt hier als Maßstab allen Handelns die Rentabilität. Alle für ein Unternehmen eingesetzten betriebswirtschaftlichen Produktionsfaktoren, von der Beschaffung bis zum Absatz, verursachen Zahlungsströme, d.h., sie haben einen Preis. Diese betrieblichen Zahlungsströme werden als Kapital bezeichnet.

Aus dem Begriff Kapital lassen sich vier Kategorien von Finanzbewegungen ableiten (vgl. Schierenbeck 2003, S. 305):

- Kapitalbindende Ausgaben, z.B. Ausgaben zur Bezahlung eingesetzter Leistungsfaktoren (menschliche Arbeit, Betriebsmittel etc.)
- Kapitalfreisetzende Einnahmen, z.B. Einnahmen aus dem Absatz der erstellten Leistungen zu Selbstkostenpreisen
- Kapitalzuführende Einnahmen, z.B. Gewinne aus der Absatztätigkeit
- Kapitalentziehende Ausgaben, z.B. reale Verluste aus der Absatztätigkeit

Aus diesen vier Kategorien lässt sich der Kapitalbedarf eines Unternehmens ableiten, nämlich:

Einnahmen – Ausgaben = Kapitalbedarf

Der Kapitalbedarf ist dabei nicht als statisches Element zu verstehen, denn Einnahmen und Ausgaben verändern sich ständig.
Aus Gründen der Übersichtlichkeit wird in diesem Kapitel der betriebliche Finanzprozess aus zwei Perspektiven betrachtet: zum einen aus der Sicht der Investitionen (Mittelverwendung) und zum anderen aus der Sicht der Finanzierungen (Mittelherkunft).

6.1 Die Investitionen (Mittelverwendung)

Die Investitionswirtschaft beschäftigt sich mit der Mittelverwendung von Kapital. Unter einer Investition wird der Einsatz finanzieller Mittel verstanden, der dazu beiträgt, in der Zukunft Unternehmensziele zu verwirklichen.
Die Investitionsanlässe können nach ihrem Motiv aufgeschlüsselt werden:

- Einrichtungsinvestition bei Gründung
- Ergänzungsinvestition bei Wachstum oder Änderung
- Ersatzinvestition bei Austausch

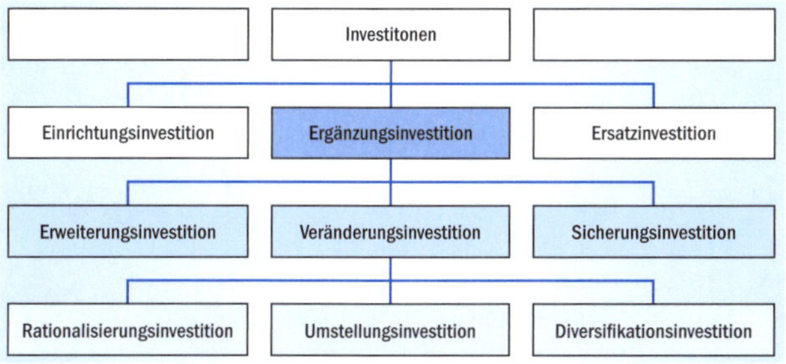

Abb. 12: Investitionsarten nach Motiven

Investitionsmanagement

Jede Investition führt zu einer

- Bindung von Kapital
  - durch den Kauf von Betriebsmitteln,
  - durch den Kauf von Werkstoffen.
- Freisetzung von Kapital durch Desinvestition
  - durch laufende Einnahmen aus Umsatzerlösen,
  - durch den Wiederverkauf der Investitionsobjekte.

Das Investitionsmanagement übernimmt alle Aufgaben zur Investitionsplanung, -durchführung und -kontrolle. Es ist entweder auf verschiedene Stellen innerhalb der Organisation verteilt, dem Controlling zugeordnet oder (wie in größeren Unternehmen üblich) als eigene Abteilung anzutreffen. Hier werden die notwendigen Informationen mithilfe von Instrumenten aufbereitet. Dazu zählen Investitionsplanungsmodelle und Methoden der Wirtschaftlichkeitsrechnung.

Das Investitionsmanagement hat folgende Aufgaben:

- Sammlung und Aufbereitung von Investitionsvorschlägen, welche aus den Abteilungen kommen
- Sammlung und Aufbereitung von Investitionsvorschlägen, die von Marktpartnern, Unternehmensberatern, Kunden oder vom Gesetzgeber stammen
- Eigene Investitionsanregungen, die das Ergebnis von umfassenden Wirtschaftlichkeitsberechnungen und Schwachstellenanalysen sein können
- Überprüfung der Investitionsvorschläge auf rechtliche und organisatorische Auswirkungen
- Prüfung der strategischen Chancen und Risiken
- Prüfung der Wirtschaftlichkeit
- Prüfung der sozialen Konsequenzen
- Prüfung der ökologischen Konsequenzen
- Darstellung und Begründung des Investitionsvorhabens einschließlich seiner Alternativen

- Koordinierung der Investition mit anderen Teilplänen
- Vorbereitung, Steuerung, Kontrolle der Realisation gemessen an den Planvorgaben

Investitionsplanungsrechnung

Die Investitionsplanungsrechnung soll vorab ermitteln, wie sich Investitionsvorhaben und ihre Alternativen auf die Ziele des Unternehmens auswirken. Sie dient als Entscheidungshilfe.
In Theorie und Praxis haben sich über die Jahrzehnte verschiedene Methoden der Investitionsplanungsrechnung herausgebildet. Die Auswahl der Instrumente ist abhängig von den festgelegten quantitativen und qualitativen Bewertungskriterien.

Sind quantitative Bewertungskriterien formuliert, so werden die Methoden der statischen bzw. die der dynamischen Investitionsrechnung angewendet.

- Die statische Investitionsrechnung nutzt Kosten, Gewinn, Rentabilität oder Amortisationszeit als Entscheidungsgröße (Bewertungskriterium).
- Die dynamische Investitionsrechnung stellt den Kapitalwert, den internen Zinsfuß oder die Annuität als Maßstab der Entscheidung.

Sind qualitative Bewertungskriterien, z.B. Image des Unternehmens, Sicherheit der Mitarbeiter etc., formuliert, so werden die Nutzwerte der verschiedenen Investitionsmöglichkeiten als Entscheidungsgrundlage genommen. Ausgewählt wird die Investition mit dem höchsten Nutzwert.

Quantitative statische Methoden (eine Auswahl)

Die statischen Methoden sind eher für grobe Überschlagsrechnungen gedacht. Grobe Überschlagsrechnungen genügen, wenn der Investitionsplanungsprozess sich noch im Anfangsstadium befindet und man zunächst nur wissen möchte, welche Investitionsvorhaben es sich weiterzuverfolgen lohnt und welche nicht. Sie genügen bei kleineren Ersatz- und Rationalisierungsinvestitionen, wenn deren Wirtschaftlichkeit nicht detailliert begründet werden muss.

◆ Die Kostenvergleichsrechnung

Mit einer Kostenvergleichsrechnung werden mehrere Investitionsmöglichkeiten auf Basis der erwarteten jährlichen Kosten verglichen. Können die Investitionen unterschiedliche Leistungsmengen innerhalb eines gleichen Zeitraums abgeben, werden die jährlichen Kosten auf eine Leistungseinheit umgerechnet.

	Kostenvergleichsrechnung			
Ausgangslage: Erwarteter Absatz pro Jahr	8.000 Stück			
Alternativen	**A**	**A**	**A**	**A**
Schritt I	**Check-up „technisch bedingte Kapazität?"**			
Maximale Kapazität	10.000 Stück	12.000 Stück	Fremdbezug	6.000 Stück
Feststellung	o.k.			nicht o.k.
Entscheidung	weiter überprüfen			raus
Schritt II	**Check-up „Kosten pro Jahr?"**			
Ermittlung Kosten pro Jahr	12.000,00 €	11.000,00 €	16.000,00 €	
Ermittlung Kosten pro Stück bei 8.000 Stück	1,50 €	1,38 €	2,00 €	
Beste Alternative		X		

Abb. 13: Kostenvergleichsrechnung (stark vereinfacht)

◆ Die Gewinnvergleichsrechnung

Mit dieser Variante werden mehrere Investitionsalternativen auf Basis der erwarteten jährlichen Gewinne (Erträge minus Kosten) verglichen. Bei einer anstehenden Rationalisierungsinvestition wird anstelle des Gewinns die zu erwartende Kostenersparnis als Bewertungskriterium genommen. Können die Investitionen unterschiedliche Leistungsmengen abgeben, werden die jährlichen Gewinne/Kostenersparnisse auf eine Leistungseinheit umgerechnet.

Anzuwenden ist die Gewinnvergleichsrechnung, wenn die Erträge der Investitionsalternativen unterschiedlich sind. Auch bei der Frage nach der Durchführung oder Nichtdurchführung eines einzelnen Investitionsvorschlags kommt die Gewinnvergleichsrechnung zum Zuge: Es wird geprüft, ob die Investition überhaupt einen Gewinn erwarten lässt.

	Gewinnvergleichsrechnung			
	Ausgangslage			
Erwarteter Absatz pro Jahr	4.000 Stück			
	Alternativen			
	A	B	C	D
Schritt I	**Check-up „technisch bedingte Kapazität?"**			
Maximale Kapazität	3.000 Stück	5.000 Stück	Fremdbezug	6.000 Stück
Feststellung	nicht o.k.	o.k.		
Entscheidung	raus	weiter prüfen		raus
Schritt II	**Check-up „Kosten pro Jahr?"**			
Ermittlung Kosten pro Jahr	9.000,00 €	10.000,00 €	12.000,00 €	
Stückverkaufspreis	4,90 €			
Erwarteter Umsatz pro Jahr	19.600,00 €			
Gewinn pro Jahr	10.000,00 €	9.600,00 €	7.600,00 €	
Beste Alternative	X			

Abb. 14: Gewinnvergleichsrechnung (stark vereinfacht)

Dynamische Methoden

Dynamische Methoden haben eine höhere Aussagekraft als statische Methoden, da sie differenziert alle zu erwartenden Aus- und Einzahlungen einer Investition auf einer Zeitachse während der gesamten Nutzungsdauer berücksichtigen.
Die Anwendung der dynamischen Methoden setzt finanzmathematische Kenntnisse voraus. Die Begriffe Endwert und Barwert müssen dem Anwender geläufig sein.

◆ Endkapitalwertrechnung

Der Endwert führt zur Endkapitalwertrechnung. Er ergibt sich aus der Aufzinsung eines eingesetzten Kapitals. Der

Endkapitalwert ist der Gewinnbeitrag einer Investition, bezogen auf das geschätzte Ende der Investitionsdauer. Er entsteht dadurch, dass man die Zahlungsreihe der Investition mit dem marktüblichen Kalkulationszinssatz auf den gewählten Zeitpunkt aufzinst. Aufzinsen bedeutet hier: Zahlungsströme werden auf den Endzeitpunkt einer Investition bezogen.

Beispiel 1: Bei einmaliger Zahlung für eine Kapitalanlage: Ein Kapital von 10.000 € wird 3 Jahre zu 5 % angelegt. Nach einem Jahr beträgt das Kapital 10.500 €. Am Ende des zweiten Jahres beträgt es 11.025 €, da auch die 500 € Zinsen des ersten Jahres zu 5 % verzinst wurden. Am Ende des dritten Jahres beträgt der Endwert 11.576,25 €.

Jahr	Kapital am Jahresanfang	Zinsen	Kapital am Jahresende
1	10.000,00	500,00	10.500,00
2	10.500,00	525,00	11.025,00
3	11.025,00	551,25	11.576,25

Abb. 15: Ergebnistabelle Endwert

Die Formel zur Berechnung lautet:

$$\text{Endkapital} = \text{Anfangskapital} \cdot (\text{Zinssatz}/100 + 1)^{\text{Jahre}}$$

Beispiel 2: Zur Prüfung einer Investition:
Grundsätzlich gilt:

- Endkapitalwert > 0: realisieren!
- Endkapitalwert < 0: nicht realisieren!

Eine Investition in Höhe von 12.000 € soll auf ihre Vorteilhaftigkeit mithilfe der Kapitalendwertmethode überprüft werden. Der angenommene Zinssatz beträgt 5 %. Die Laufzeit wird auf sechs Jahre festgelegt.

	Einzahlungen (E)	Auszahlungen (A)	Überschuss (= E–A)	Endwerte
Jahr		– 12.000 · (5/100 + 1)^6 =		–16.081,15
1	4.000	2.800	1.200	1.532
2	6.000	3.900	2.100	2.553
3	8.000	4.960	3.040	3.519
4	9.000	5.400	3.600	3.969
5	8.000	4.800	3.200	3.360
6	7.000	4.340	2.660	2.660
Endkapitalwert = – 16.081,15 + Endwerte 1–6 =				1.511,13

Abb. 16: Ergebnistabelle Kapitalendwertmethode

Gemessen an Kapitalendwerten ist die Investition zu realisieren, da sie in der Summe größer sind als 0, nämlich 1.511,13 €. Die Investition von 12.000 € wird auf sechs Jahre abgezinst. Jeder Überschuss (Gewinn) wird auf das Ende des entsprechenden Jahres bezogen. Im zweiten Jahr wird z.B. ein Überschuss von 2.100 € erwartet, daraus folgt:

$2.100 \cdot (5/100 + 1)^{\text{Restjahre } 4} = 2.553$ € Endwert

Stehen mehrere Investitionen zur Auswahl, so ist die mit dem höchsten Endkapitalwert zu bevorzugen.

◆ Barkapitalwertrechnung

Der Barwert führt zur Barkapitalwertrechnung. Der Barkapitalwert ist der Gewinnbeitrag einer Investition, bezogen auf den Zeitpunkt unmittelbar vor Durchführung der Investition.

Er entsteht dadurch, dass man die Zahlungsreihe der Investition mit dem marktüblichen Kalkulationszinssatz auf den gewählten Zeitpunkt abzinst. Der Barwert ergibt sich aus der Abzinsung eines zukünftigen Kapitalzugangs.

Die Formel zur Berechnung lautet:

$$\text{Barwert} = \frac{\text{Endkapital}}{\left(\frac{\text{Zinssatz}}{100} + 1\right)^{\text{Laufzeit}}}$$

Der Barwert entspricht dem Anfangskapital in der Formel Kapitalendwert.

Beispiel: Ein Haus soll verkauft werden. Ein Angebot lautet: 100.000 € sofort, 80.000 € in einem Jahr und weitere 100.000 € nach Ablauf von fünf Jahren.

Jahr	**0**	**1**	**2**	**3**	**4**	**5**
Einzahlung	100.000,00	80.000,00	–	–	–	100.000,00
Abzinsungsfaktor	–	$1{,}04^1 = 1{,}04$	–	–	–	$1{,}04^5 = 1{,}22$
Barwert	100.000,00	76.923,08	–	–	–	82.192,71

Summe der Barwerte: 259.115,79 €

Abb. 17: Ergebnistabelle Kapitalbarwertmethode

Zum Vergleich mit anderen Angeboten wird das vorliegende Angebot auf das Heute abgezinst:

- 100.000 € sofort sind jetzt 100.000 € wert,
- 80.000 € in einem Jahr sind heute bei einem angenommenen Zinssatz von 4 % 76.923,08 € wert
- und die 100.000 €, die in 5 Jahren fließen sollen, sind heute bei 4 % abgezinst 82.192,71 € wert.

Zusammengefasst: Das Angebot hat heute einen Wert von 259.115,79 €. Stehen mehrere Investitionen zur Auswahl, so ist die mit dem höchsten Barkapitalwert zu bevorzugen. Wenn also ein zweites Angebot vorläge, das beispielsweise auf „250.000 € sofort" lautet, dann ist nach der Kapitalbarwertmethode das erstgenannte das vorteilhaftere.

Grundsätzlich gilt:

- Barkapitalwert > 0: realisieren!
- Barkapitalwert < 0: nicht realisieren!

Anwendungsbereich der dynamischen Methoden:
Die dynamischen Methoden zeigen, welche Zahlungsbelastungen und -entlastungen von der Investition im Zeitablauf ausgehen und wie sich die Wirtschaftlichkeit der Investition von Jahr zu Jahr entwickelt. Die größere Genauigkeit im Vergleich zu den statischen Methoden wird mit einem größeren Aufwand bezahlt.

> Wenn die geplante Investition für das Unternehmen eine hohe wirtschaftliche Bedeutung hat, ist die Anwendung der dynamischen Methoden unerlässlich.

6.2 Die Finanzierungen (Mittelherkunft)

Für die Finanzwirtschaft ist das Finanzmanagement verantwortlich. Die finanzielle Führung ist somit jener Teil der Unternehmensführung, der für die finanzielle Stabilität und die Liquidität des Unternehmens verantwortlich ist. Sie plant, steuert und kontrolliert die Zahlungsströme (Auszahlungen und Einzahlungen) und Bestände (Vermögen und Kapital) mit dem Ziel, das finanzielle Gleichgewicht des Unternehmens zu erhalten oder wiederherzustellen.

Ein Unternehmen befindet sich im finanziellen Gleichgewicht, wenn es jederzeit und in vollem Umfang zahlungsfähig ist und die Zahlungsprozesse und die Finanzstrukturen so aufeinander abstimmt, dass sich die unternehmerischen Absichten wie Bewahrung der Wettbewerbsfähigkeit, Erzielung von Gewinn, Steigerung des Aktienkurses, Sicherung der Arbeitsplätze usw. nicht gegenseitig stören, sondern unterstützen.

Die Aufgaben des Finanzmanagements bestehen in

- der permanenten Ermittlung und Beeinflussung des Kapitalbedarfs,
- der Analyse und Auswahl der finanziellen Möglichkeiten zur Deckung des Kapitalbedarfs,
- der Planung und Steuerung der Zahlungsprozesse mit der Maßgabe, die fälligen Auszahlungen zu jedem Zeitpunkt vollständig aus Einzahlungen oder verfügbaren Zahlungsmittelbeständen begleichen zu können (Cash Management),
- der rentablen Nutzung der Zahlungsmittelbestände, die nicht zur Absicherung der Zahlungsfähigkeit benötigt werden,
- der Planung und Steuerung der Bilanzstruktur (Kapitalstruktur) mit dem Ziel der finanziellen Stabilität und Sicherheit.

Der Kapitalbedarf

Im Rahmen der Finanzplanung wird das notwendige Kapital ermittelt, welches für Investitionen und das laufende Tagesgeschäft zur Verfügung stehen muss.
Die Höhe des Kapitalbedarfs verändert sich fortwährend, da laufende Ein- und Auszahlungen in unterschiedlicher Höhe anfallen und die Ein- und Auszahlungen zeitlich verschoben sind. Bevor beispielsweise durch den Verkauf produzierter Güter Einzahlungen stattfinden, müssen Auszahlungen (für Material, Löhne, Werbung usw.) getätigt werden.

> Aus dem zeitlichen Abstand der Aus- und Einzahlungen entsteht der Kapitalbedarf.

Die Zeitstruktur der Ein- und Auszahlungen ist von Unternehmen zu Unternehmen unterschiedlich.
Grundsätzlich lässt sich sagen: Der Kapitalbedarf ist umso größer,

- je mehr und je früher in Anlagegüter, in Forschung und Entwicklung, in Ausbildung, ins Marketing usw. investiert werden muss,
- je länger der Produktionsprozess dauert,
- je länger Rohstoffe, Halbfabrikate, Fertigfabrikate und Handelsware im Lager verbleiben,
- je mehr Kunden Zahlungsziele ausnutzen
- und je kürzer die Zahlungsziele der Lieferanten sind.

Die Kapitalbedarfsermittlung

Der Kapitalbedarf muss vorausschauend so rechtzeitig ermittelt werden, dass genügend Zeit bleibt, passende Finanzierungsquellen zu erschließen. Bei Gründung bzw. Unternehmenserweiterungen erfolgt die Ermittlung des Kapitalbedarfs durch die Kapitalbedarfsrechnung.

Der Kapitalbedarf setzt sich aus der Summe von Anlagekapitalbedarf und Umlaufkapitalbedarf zusammen.

Gesamtkapitalbedarf = Anlagekapitalbedarf + Umlaufkapitalbedarf

Das Anlagekapital sind die Betriebsmittel wie Grundstücke, Maschinen usw. Das Umlaufkapital sind die notwendigen Werkstoffe inkl. Barmittel.

Praxistipp

Bei der Ermittlung des Umlaufkapitals ist bei einer Gründung zu berücksichtigen, dass neben einmaligen Gründungskosten auch ein bestimmter Vorlauf an Kosten stattfinden wird (z.B. Erstbestückung Lager, Eröffnungswerbung etc.).

Bei laufendem Geschäft erfolgt die Ermittlung des Kapitalbedarfs durch das Aufstellen eines Finanzplans. Der Finanzplan enthält, sachlich und zeitlich differenziert, alle erwarte-

ten Auszahlungen und die Einzahlungen der Unternehmung. Falls nötig, können die Daten, z.B. für das erste Quartal, zusätzlich monatlich differenziert werden.
Für längerfristige Finanzierungsentscheidungen sind bis zu fünfjährige Prognosen nützlich, selbst wenn die Zahlen nur grob geschätzt werden können.

Anfangsbestand an flüssigen Mitteln

+ Einzahlungen, z.B. aus
  - laufenden Geschäften
  - sonstigen Geschäften
  - Eigenkapital
  - Fremdkapital
  - Zinsen

– Auszahlungen, z.B. für
  - laufende Geschäfte
  - für Kredittilgungen
  - für Privatentnahmen
  - Investitionszwecke
  - Steuern/Abgaben

= Schlussbestand an flüssigen Mitteln

—> Liquiditätsüber- oder -unterdeckung

Abb. 18: Aufbau eines Finanzplans

Einer Unterdeckung kann man z.B. begegnen mit einer Kreditaufnahme, mit Privateinzahlungen bzw. Eigenkapitalerhöhungen oder mit Desinvestition (= Verkauf von Anlagevermögen). Eine Überdeckung ermöglicht Kreditrückführung, rentable Anlagen, Investitionen.

Die Ermittlung des Kapitalbedarfs löst beim Finanzmanagement zunächst einmal den Impuls aus, die ermittelten Werte kritisch zu überprüfen. Danach wird analysiert, aus welchen Finanzierungsquellen der bestätigte Kapitalbedarf gedeckt werden kann.

Ziel muss es sein, die Kapitalbindung im Lager, in der Produktion, im Vertrieb usw. gering zu halten, um

- die Liquidität zu entlasten,
- Finanzierungskosten zu senken und/oder
- das freigesetzte Kapital für strategisch wichtige Investitionen zu nutzen.

Dieses Ziel lässt sich im Prinzip erreichen, indem man

- den Mengeneinsatz der Leistungsfaktoren reduziert,
- die Leistungsfaktoren preiswerter beschafft und
- die Leistungsprozesse in der Beschaffung, der Produktion, im Lager, Vertrieb, Verkauf usw. beschleunigt, um den Zeitabstand zwischen Einzahlungen und Auszahlungen zu verkürzen.

Der Finanzplan kann auch z.B. für die Ermittlung des „Überziehungsbedarfs“ (Kontokorrentkreditlimit) bei einem Geschäftskonto angewandt werden. Das genaueste Ergebnis liefert eine „Von-Tag-zu-Tag-Betrachtung“.

Kontostand aktuell		12.000,00 €		
Woche	**Einzahlungen**	**Auszahlungen**	**Kontostand**	**Kapitalbedarf**
1	3.000,00 €	1.000,00 €	14.000,00 €	3.000,00 €
2	1.000,00 €	2.000,00 €	13.000,00 €	3.000,00 €
3	0,00 €	2.300,00 €	10.700,00 €	3.000,00 €
4	2.000,00 €	4.500,00 €	8.200,00 €	3.000,00 €
5	5.000,00 €	12.000,00 €	1.200,00 €	3.000,00 €
6	4.000,00 €	8.000,00 €	– 2.800,00 €	– 2.800,00 €
7	0,00 €	6.000,00 €	– 8.800,00 €	– 8.800,00 €
8	2.000,00 €	1.000,00 €	– 7.800,00 €	– 7.800,00 €
9	2.500,00 €	1.000,00 €	– 6.300,00 €	– 6.300,00 €
10	3.000,00 €	1.000,00 €	– 4.300,00 €	– 4.300,00 €
11	5.000,00 €	800,00 €	– 100,00 €	– 100,00 €
12	5.000,00 €	800,00 €	4.100,00 €	0,00 €
13	4.500,00 €	800,00 €	7.800,00 €	0,00 €
14	6.000,00 €	800,00 €	13.000,00 €	0,00 €

Abb. 19: Beispiel eines Finanzplans

Bemerkung zum Beispielfinanzplan: Der Kapitalbedarf erreicht in der siebten Woche den höchsten Stand von 8.800€. Dieser Betrag steht für das zu beantragende Dispositionslimit bei der Geschäftsbank. Wenn es gelingt, einige Auszahlungen weiter in die Zukunft zu verlegen und/oder einige Einzahlungen vorher zu erhalten, dann entsteht eventuell im gesamten Zeitraum von 14 Wochen kein Kapitalbedarf.

Nicht nur die Höhe der Kapitalbindung gilt es also zu überprüfen, sondern auch die zeitliche Verteilung. Manchmal genügen kleine Verschiebungen von Auszahlungen, um den Kapitalbedarf so zu verändern, dass seine Finanzierung leichter fällt oder kostengünstiger gestaltet werden kann.

Praxistipp

Bei allen Maßnahmen zur Reduzierung der Kapitalbindung ist jedoch darauf zu achten, dass Qualität, Termintreue, Kundenorientierung, Sicherheit und Wirtschaftlichkeit der Leistungsprozesse nicht beeinträchtigt werden.

Die Kapitalstruktur

Zur Schaffung und Erhaltung einer optimalen Kapitalstruktur bedarf es neben der Selbstfinanzierungskraft (siehe Cashflow) in der Regel einer Außenfinanzierung. Die Schaffung und Erhaltung einer optimalen Kapitalstruktur ist somit abhängig von Kapitalgebern. Deren Risiken und Erwartungshaltungen müssen bei der Optimierung berücksichtigt werden.

> Eigenkapitalgeber tragen das Kapitalrisiko und erwarten eine Gewinnausschüttung. Fremdkapitalgeber hingegen tragen ein Kreditrisiko und erwarten Zinsen und die Kreditrückzahlung.

Wenn es dem Unternehmen nicht gelingt, eine gute Figur zu machen, wird es schwierig (wenn nicht unmöglich), Eigenkapital- oder Fremdkapitalgeber zu finden, welche bereit sind, Kapital- bzw. Kreditrisiken einzugehen.

<table>
<tr><th colspan="4">Finanzierungsarten</th></tr>
<tr><th colspan="3">Eigenfinanzierung</th><th>Fremdfinanzierung</th></tr>
<tr><td rowspan="3">Aus nicht entnommenen Gewinnen (Selbstfinanzierung</td><td rowspan="3">Aus Vermögensumschichtung, Kapitalumschlag oder Abschreibungen</td><td>Aus Kapitalbeteiligung (bei Kapitalgesellschaften)</td><td>Langfristige Kredite</td></tr>
<tr><td rowspan="2">Aus Einlagen der Eigentümer (bei Personengesellschaften)</td><td>Mittelfristige Kredite</td></tr>
<tr><td>Kurzfristige Kredite</td></tr>
<tr><th colspan="2">Innenfinanzierung</th><th colspan="2">Außenfinanzierung</th></tr>
</table>

Abb. 20: Darstellung der Finanzierungsarten

Als Maßstab für Bonität und Kreditwürdigkeit wird von den Banken u.a. der Verschuldungskoeffizient herangezogen:

$$\text{Verschuldungskoeffizient} = \frac{\text{Fremdkapital}}{\text{Eigenkapital}}$$

Das gesamte Vermögen (Betriebsmittel, Werkstoffbestand, Barmittel etc.) eines Unternehmens ist immer durch Kapital finanziert. Der Verschuldungskoeffizient fragt danach, wie viel davon fremdfinanziert ist. Hier gelten folgende Faustregeln:

- Die 1:1-Regel – d.h., der Verschuldungskoeffizient ist kleiner oder gleich 1 – betrachten Fremdkapitalgeber als erstrebenswertes Verhältnis zwischen Fremdkapital und Eigenkapital.
- Die 2:1-Regel – d.h., der Verschuldungskoeffizient ist kleiner oder gleich 2 – wird als gesundes Verhältnis gesehen.

- Die 3:1-Regel – d.h., der Verschuldungskoeffizient ist kleiner oder gleich 3 – gilt als akzeptables Verhältnis bei den Fremdkapitalgebern.

Je niedriger der Verschuldungskoeffizient ist, desto mehr ist die Unabhängigkeit eines Unternehmens gesichert.

Auf den Punkt gebracht:

- In Unternehmen wird permanent investiert, d.h. Kapital gebunden, mit dem Ziel, es gewinnbringend wieder freizusetzen. Dies hat zur Folge, dass der güterwirtschaftliche Leistungsprozess mit dem finanzwirtschaftlichen eng verwoben ist. Die betrieblichen Zahlungsströme werden als Kapital bezeichnet.
- Der Finanzprozess wird zum einen aus der Sicht der Investitionen (Mittelverwendung) und zum anderen aus der Sicht der Finanzierungen (Mittelherkunft) betrachtet.
- Unter einer Investition wird der Einsatz finanzieller Mittel verstanden. Das Investitionsmanagement muss sich mit den Fragen beschäftigen, wo das Kapital gebunden und wo es wieder freigesetzt werden kann. Zur Beantwortung steht eine Reihe statischer und dynamischer Methoden zur Verfügung.
- Die Finanzierung ermittelt die Möglichkeiten zur Kapitalbedarfsdeckung, plant und steuert die Zahlungsströme und die sich in der Bilanz niederschlagenden Vermögens- und Kapitalwerte.
- Die Finanzwirtschaft ist somit in der Lage, Zahlenmaterial zur Planung und Kontrolle unternehmerischen Handelns zu liefern, und stellt ein Kernstück der Betriebswirtschaft dar.

Bilanz- und Erfolgskennzahlen

Wichtige Bilanzkennzahlen
Anlagendeckung I $= \dfrac{\text{Eigenkapital}}{\text{Anlagevermögen}}$
Anlagendeckung II $= \dfrac{(\text{Eigenkapital} + \text{langfristiges Fremdkapital})}{\text{Anlagevermögen}}$
Verschuldungskoeffizient $= \dfrac{\text{Fremdkapital}}{\text{Eigenkapital}}$
Liquidität 1 $= \dfrac{\text{flüssige Mittel}}{\text{kurzfristige Verbindlichkeiten}}$
Liquidität 2 $= \dfrac{(\text{flüssige Mittel} + \text{Forderungen})}{\text{kurzfristige Verbindlichkeiten}}$
Wichtige Erfolgskennzahlen
Eigenkapitalrentabilität $= \dfrac{\text{Gewinn}}{\text{Eigenkapital}} \cdot 100$
Gesamtkapitalrentabilität $= \dfrac{(\text{Gewinn} + \text{Fremdkapitalzinsen})}{\text{Gesamtkapital}} \cdot 100$
Umsatzrentabilität $= \dfrac{\text{Gewinn}}{\text{Umsatz}} \cdot 100$
Cashflow $=$ Abschreibungen $+$ Gewinn
Dynamischer Verschuldungsgrad $= \dfrac{\text{Fremdkapital}}{\text{Cashflow}}$

Aussage
> 1 = „Goldene Finanzierungsregel“ erfüllt; max. Unabhängigkeit des Unternehmens, da das gesamte Anlagevermögen Eigentum des Unternehmens ist.
> 1 = „Silberne Finanzierungsregel“ erfüllt = diese Mindestanforderung muss erfüllt sein, da langfristiges Vermögen auf gar keinen Fall kurzfristig finanziert werden darf.
Ein Maßstab für die Kreditwürdigkeit; 1:1 bzw. „kleiner als 1“ gilt als sehr gut.
Ist das Unternehmen in der Lage, alle kurzfristigen Verpflichtungen aus eigenen Mitteln jetzt zu begleichen? Als „gut“ gelten Werte zwischen 0,3 und 0,7 (branchen- und prozessabhängig). Die Liquidität 1 ist auch als Barliquidität bzw. Liquidität 1. Grades bekannt.
Mindestens 1 sollte erreicht werden, das ansonsten weitere Kredite aufgenommen werden müssten.
Aussage
Gilt in einigen Kennzahlensystemen als Spitzenkennzahl. Sie sagt aus, wie sich das eigene Kapital verzinst hat. Vorsicht: Kann nicht isoliert betrachtet werden, da z.B. ein Unternehmen die Eigenkapitalrentabilität durch Senkung des Eigenkapitals und gleichzeitige Erhöhung des Fremdkapitals verbessern kann!
Zeigt an, welche Verzinsung das Gesamtkapital erbracht hat. Eliminiert durch Hinzurechnung der Fremdkapitalzinsen den Nachteil, den fremdkapitallastige Unternehmen im Vergleich mit eigenkapitalstarken Unternehmen hätten.
Das ist die bekannteste Rentabilitätskennzahl. Sie zeigt an, wie hoch die Verzinsung des Leistungsprozesses im Verhältnis zum Umsatz ist.
Gewinn steht dem Unternehmen als Überschuss zur Verfügung. Der Cashflow berücksichtigt auch, dass die Abschreibungen keine Ausgaben sind und somit ebenfalls dem Unternehmen zur Verfügung stehen. So erklärt es sich beispielsweise, dass Unternehmen keine Gewinne verbuchen, aber dennoch liquide bleiben aus eigener Kraft.
Wichtige Kennzahl z.B. für Banken. Es ist erkennbar, wie lange ein Unternehmen theoretisch braucht, um die momentanen Schulden abzubauen, wenn der Cashflow nur zum Abbau der Schulden eingesetzt würde.

7 Das betriebliche Rechnungswesen

Das Cockpit der Entscheider

Das betriebliche Rechnungswesen bildet den Kern des Informationssystems. Hier werden alle betriebswirtschaftlich relevanten Daten wert- und mengenmäßig erfasst, aufbereitet, bewertet, kontrolliert und dokumentiert. Dabei bereitet das Rechnungswesen die Daten für das Unternehmen (internes Rechungswesen) und für alle Interessengruppen außerhalb des Unternehmens (externes Rechnungswesen) auf.

Das Rechnungswesen ist mit vier eng miteinander verzahnten Aufgaben beauftragt:

- Dokumentationsfunktion: Sie besteht in der zeitlich und sachlich geordneten Aufzeichnung aller Geschäftsfälle aufgrund von Belegen, welche die Vermögenswerte, das Eigen- und Fremdkapital sowie den Jahreserfolg (Gewinn oder Verlust) des Unternehmens betreffen.
- Informationsfunktion: Basierend auf gesetzlichen Vorschriften erfolgt eine Rechenschaftslegung und Information an die Unternehmenseigner (z.B. Aktieninhaber), an Finanzbehörden und evtl. Gläubiger über die Vermögens-, Schulden- und Erfolgslage des Unternehmens (z.B. durch Jahresabschluss).
- Überwachungsfunktion: Die Implementierung des Rechnungswesens in das Unternehmen als ein aussagefähiges Informations- und Kontrollsystem ermöglicht der Unternehmensleitung jederzeit eine Überwachung der Wirtschaftlichkeit der betrieblichen Prozesse sowie der Zahlungsfähigkeit des Unternehmens.
- Dispositionsfunktion: Die Bereitstellung des aufbereiteten Zahlenmaterials dient als Grundlage für alle Planungen und Entscheidungen.

Diese Aufgaben können nicht mit einem einzigen Verfahren absolviert werden, da jede Funktion eine andere Zielstellung hat. Beispielsweise wird die Darstellung des Gewinns gegenüber dem Finanzamt (Ziel: Steuerminimierung durch wenig Gewinn) eine andere sein als bei der Gläubigerbank und den Anteilseignern.
Die Verschiedenheit der Aufgaben bedingt eine Aufteilung des Rechnungswesens:

Rechnungswesen				
Externes Rechnungswesen			Internes Rechnungswesen	
Buchführung	Jahresabschluss	Wirtschaftlichkeitsrechnung	Kosten- und Leistungsrechnung	Kalkulation

Abb. 21: Bereiche des Rechnungswesens

7.1 Das externe Rechnungswesen

Die Buchführung (Finanzbuchhaltung) repräsentiert zusammen mit dem Jahresabschluss das externe Rechnungswesen. Die Buchführung erfasst Höhe und Veränderungen der Vermögens- und Kapitalteile des Unternehmens, im Rahmen des Jahresabschlusses werden diese in einer Bilanz dargestellt. Die Buchführung erfasst auch alle Arten von Aufwendungen (Werteverbrauch) und Erträgen (Wertezuwachs) für eine bestimmte Rechnungsperiode, z.B. Geschäftsjahr, Quartal, Monat. Mithilfe eines Gewinn-und Verlust-Kontos (Betriebsergebniskonto) werden Aufwendungen und Erträge kompakt präsentiert.
Dabei folgt das externe Rechnungswesen den Grundsätzen ordnungsgemäßer Buchführung (GoB), die historisch gewachsen sind. Die GoB leiten sich ab aus dem Handelsge-

setzbuch (HGB), dem Einkommensteuergesetz (EStG) und aus den Praxisgewohnheiten ordentlicher Kaufleute.

Wesentliche Grundsätze ordnungsgemäßer Buchführung:

- Grundsatz der Klarheit: Jeder Vorgang muss nachvollziehbar sein.
- Grundsatz der Wahrheit: Jeder Vorgang muss vollständig der Wahrheit entsprechend. Es gibt aber einen subjektiven Bewertungsspielraum.
- Grundsatz der Vorsicht: Vermögen niedrig und Schulden hoch bewerten.
- Grundsatz der Wirtschaftlichkeit: Kosten-Nutzen-Relation der bereitgestellten Informationen beachten.

Der Ablauf des externen Rechnungswesens

Der Ablauf des externen Rechnungswesen gestaltet sich von Jahr zu Jahr gleich. Die Schritte im Einzelnen:

- Schritt 1: Die Inventur
  Alle Buchhaltungsarbeiten beginnen mit einer Inventur. Durch sie werden alle Vermögenspositionen und Schulden erfasst. Dies erfolgt durch Zählen, Messen, Wiegen (= körperliche Inventur) und das Erfassen von Werten, welche nur in Schriftform vorliegen, z.B. offene Kundenrechnungen, Stand von aufgenommenen Krediten bei der Bank (Buchinventur). Die Ergebnisse der Inventur werden anschließend nach ihrer Art in Bestandslisten zusammengetragen und ergeben das Inventar.

Anlagevermögen
\+ Umlaufvermögen

= Vermögen

– Schulden

= Reinvermögen (Eigenkapital) bzw. Inventar

Abb. 22: Ermittlung des Inventars (vereinfachte Darstellung)

◆ Schritt 2: Die Eröffnungsbilanz

Die Inventardaten gehen in komprimierter Form in die Bilanz über. Eventuelle Abweichungen zwischen der Schlussbilanz des letzten Jahres und dem aktuellen Inventar müssen jetzt korrigiert werden.

Aktiva	BILANZ Passiva
Vermögen = Anlagevermögen + Umlaufvermögen	Kapital = Eigenkapital + Fremdkapital
-> Mittelverwendung: „Wo steckt das Kapital?" = Investitionen + Liquide Mittel	-> Mittelherkunft: „Woher kommt das Kapital?" = Finanzierungen

Abb. 23: Bilanz (vereinfachte Darstellung)

◆ Schritt 3: Buchungsarbeit

Die Finanzbuchhaltung ist jetzt „betriebsbereit". Jede wertmäßige Änderung des laufenden Jahres kann jetzt erfasst werden und sich in der Bilanz niederschlagen. Durch die Bildung eines so genannten Buchungssatzes wird die Finanzbuchhaltung angesprochen. Jeder Buchungssatz braucht ein Dokument (Beleg) als Nachweis seiner Richtigkeit. Die Buchungssätze verändern nicht nur die Vermögens- und Schuldenkonstellation, sondern bei Erfassung eines Aufwandes oder eines Ertrages auch den Gewinn des Unternehmens. Der Gewinn wiederum verändert das Eigenkapital. Der Übersichtlichkeit wegen werden Werteverzehr bzw. Wertezuwachs in einem so genannten Gewinn-und Verlust-Konto dargestellt. Dieses Konto ist die spätere Basis der Erfolgsrechnung.

Aufwand	GEWINN-UND-VERLUST-KONTO Ertrag
Aufwendungen des Unternehmens	Erträge des Unternehmens
Gewinn des Unternehmens	

Abb. 24: Gewinn-und-Verlust-Konto (vereinfachte Darstellung)

- Schritt 4: Der Jahresabschluss
  Im Rahmen des Jahresabschlusses werden am Ende des Geschäftsjahres die Vermögens- und Kapitalwerte mithilfe einer Inventur erfasst, bewertet und mit der bis dahin sich ergebenden Schlussbilanz in Übereinstimmung gebracht. Dabei sind Bewertungsgrundsätze zu berücksichtigen.

Die Bewertungsgrundsätze

Vorsichtsprinzip

Dieser Grundsatz dient dem Gläubigerschutz und besagt, dass nicht realisierte Gewinne nicht ausgewiesen werden dürfen, nicht realisierte Verluste hingegen ausgewiesen werden müssen.

- Die Anschaffungskosten eines Grundstückes betrugen 250.000 €. Heute wird das Grundstück auf einen Wert von 320.000 € geschätzt. –> Diese Wertsteigerung wird nicht berücksichtigt.
- Die Anschaffungskosten für die Rohstoffe lagen bei 30.000 €. Aufgrund eines marktüblichen Preisverfalls sind sie jetzt noch 25.000 € wert. –> Diese Wertminderung muss erfasst werden.

Prinzip der Unternehmensfortführung

Nicht der Liquidationswert (bei Auflösung des Unternehmens), sondern der augenblickliche Buchwert ist der Maßstab der Bewertung.

Stichtagsprinzip
Entscheidend für die Bewertung ist der jeweilige Bilanzstichtag.

> Erhält das Unternehmen im Dezember die Information, dass eine offene Forderung aus Konkursgründen als uneinbringlich gilt, obwohl sie erst im nächsten Jahr fällig wäre, ist diese Wertminderung zu berücksichtigen.

Prinzip der Bewertungsstetigkeit
Hat sich das Unternehmen für ein bestimmtes Bewertungsverfahren entschieden, so muss es dabei bleiben.

Prinzip der Zeitraumbezogenheit
Um einen periodengerechten Erfolg des Jahres zu gewährleisten, sind alle Aufwendungen und Erträge in dem Jahr auszuweisen, in dem sie wirtschaftlich entstanden sind oder dem sie zuzurechnen sind.

> Das Geschäftsjahr endet im Dezember, ein Kunde überweist im Dezember die Miete für Januar. Hier muss diese Einnahme rechnerisch dem nächsten Geschäftsjahr zugeordnet werden.

Maßgeblichkeitsprinzip
Es gilt, eine Harmonisierung zwischen den Bewertungsvorschriften des Handelsrechts und des Steuerrechts herbeizuführen.
Handelsrechtliche Vorgaben dienen dem Gläubigerschutz, steuerrechtliche Vorgaben stellen die Gewinnermittlung und eine gerechte Besteuerung in den Vordergrund.

Die Abgrenzungsrechnung

Die Abgrenzungsrechnung ist das Bindeglied zwischen der Finanzbuchhaltung und der Kosten- und Leistungsrechnung.

Das externe Rechnungswesen ist unternehmensbezogen, d.h., es werden alle Geschäftsvorfälle erfasst. Das Ziel ist hier die Ermittlung des steuerlichen Ergebnisses, welches den Erfolg der gesamten unternehmerischen Tätigkeit abbildet.

	Erträge des Unternehmens
–	Aufwendungen des Unternehmens
=	**Steuerliches Ergebnis**

Abb. 25: Steuerliches Ergebnis

Das interne Rechnungswesen ist nur an dem Erfolg interessiert, welcher auf den betrieblichen Leistungsprozess zurückzuführen ist. Hier ist das Betriebsergebnis die entscheidende Größe.

1	Erträge des Unternehmens – neutrale Erträge des Unternehmens
	= **Leistungen des Betriebes**

2	Aufwendungen des Unternehmens – neutrale Aufwendungen des Unternehmens
	= Zweckaufwand/Grundkosten
	+ kalkulatorische Kosten
	= **Kosten des Betriebes**

3	Leistungen des Betriebes – Kosten des Betriebes
	= **Betriebsergebnis**

Abb. 26: Betriebsergebnis

Die Abgrenzungsrechnung dient hier als Filter zwischen dem externen und dem internen Rechnungswesen: Bevor die Daten der Finanzbuchhaltung in die Kosten- und Leistungsrechnung gelangen, werden z.B. die Aufwendungen dahingehend überprüft, ob sie

- betriebsfremd,
- außergewöhnlich (z.B. Totalausfall einer Maschine)
- oder periodenfremd sind.

Wenn eine Position eines dieser Merkmale aufweist, wird sie neutralisiert und wird in dieser Form nicht in der Kosten- und Leistungsrechnung berücksichtigt. Den Sinn dieser Vorgehensweise verdeutlicht folgendes Beispiel.

Ein Bäckermeister backt Brötchen. Oberhalb seiner Backstube befindet sich eine Wohnung, welche er an Studenten vermietet hat. So hat er Erträge aus dem Verkauf seiner Brötchen und Erträge aus der Vermietung.
Wenn er jetzt dem Finanzamt mitteilt, wie hoch sein Gewinn ist, so gilt das steuerliche Ergebnis als Maßstab für die Höhe seiner Einkommensteuer (Aufgabe des externen Rechnungswesens).
Wenn er aber kalkulieren will, wie hoch die Selbstkosten seiner Brötchen sind, würde er das Ergebnis verfälschen, da auch alle Aufwendungen für die Wohnung über seine Buchführung gelaufen sind. Die Wohnung generiert in diesem Falle neutrale Erträge und neutrale Aufwendungen.

Nach der Klärung der neutralen Positionen gilt es, weitere kostenrechnerische Korrekturen vorzunehmen. Die wichtigsten Positionen sollen hier erwähnt sein.

Fremdkapitalzinsen versus kalkulatorische Zinsen

In der Finanzbuchhaltung wurden alle Zinsaufwendungen verbucht, welche das Unternehmen an seine Fremdkapitalgeber gezahlt hat. Die Höhe dieser Zinsaufwendungen ist stark schwankend und für die Berücksichtigung bei der Kalkulation von Preisen nicht zu gebrauchen.
Die Basis für die Ermittlung der kalkulatorischen Zinsen ist

das betriebsnotwendige Kapital, welches eine stabile Größe darstellt.

	Anlagevermögen (nach kalkulatorischen Restwerten ohne vermietete Gebäude)
+	Umlaufvermögen (nach kalkulatorischen Mittelwerten ohne Wertpapiere)
=	**Betriebsnotwendiges Vermögen**
+	Abzugskapital (Lieferantenkreidte ohne Skontierung, Kundenanzahlungen, Rückstellungen)
=	**Betriebsnotwendiges Kapital**
·	**Kalkulatorischer Zinssatz**
=	**Kalkulatorische Zinsen**

Abb. 27: Ermittlung der kalkulatorischen Zinsen anhand des betriebsnotwendigen Kapitals

Außergewöhnliche Aufwendungen versus kalkulatorische Wagnisse

Ein außergewöhnlicher Aufwand kann beispielsweise im Verlust von Waren durch Diebstahl begründet sein. Diese Größe kann stark schwanken. Mithilfe von Durchschnittsverfahren wird der wahrscheinliche Verlust als feste Größe in Form von kalkulatorischen Wagnissen erfasst.
Grundsätzlich ist jede betriebliche und unternehmerische Tätigkeit mit Wagnissen oder Risiken verbunden und kann daher zu Verlusten führen. Diese Wagnisverluste lassen sich nicht in ihrer Höhe und in ihrem zeitlichen Eintreten vorhersehen. Man unterscheidet zwischen

- dem allgemeinen Unternehmerwagnis und
- den Einzelwagnissen.

Allgemeine Wagnisse, z.B. technischer Fortschritt, Nachfrageänderung etc., werden über den Gewinn abgegolten.

Die Einzelwagnisse hingegen werden durch kalkulatorische Wagnisse abgegolten. Hier lassen sich unterschieden:

- Entwicklungswagnis, z.B. fehlgeschlagene Forschungsprojekte

- Beständewagnis, z.B. Diebstahl
- Fertigungswagnis, z.B. Nacharbeit, Fehlproduktion
- Anlagewagnis, z.B. Totalschaden einer Maschine
- Vertriebswagnis, z.B. Währungsverluste
- Gewährleistungswagnis, z.B. Garantiefälle

Zur Ermittlung und Anwendung der kalkulatorischen Wagnisse ein Beispiel:

In der Obst- und Gemüseabteilung eines Großhandels wurden folgende Daten erfasst:

Jahr	Wareneinsatz (€)	davon verdorben (€)
1	290.000,00	12.000,00
2	300.000,00	14.500,00
3	295.000,00	9.000,00
ø	295.000,00	11.833,33

Der durchschnittliche Verderb lag also bei 11.833,33 €, das entspricht 4,01% vom Wareneinsatz. Dieser Wert ist die Basis für den Ansatz der kalkulatorischen Kosten. Die Abteilung wird diese 4,01 % in ihre Kostenstruktur einbauen, d.h. in Waren einkalkulieren:

Erste Bestellung im vierten Jahr: Kauf von 1.000 kg Äpfeln à 1,20 €/kg, das bedeutet:

	Einkaufspreis	1.200,00 €
+	kalkulatorische Wagnisse (4,01 %)	48,12 €
=	Einkaufspreis inkl. Wagnisse	1.248,12 €

Wären keine Vergangenheitsdaten vorhanden, hätte der Verderb geschätzt werden müssen anhand branchenüblicher Wagnisdaten.

Abschreibungen laut Buchführung versus kalkulatorische Abschreibungen

Die buchhalterischen Abschreibungen erfolgten in der Finanzbuchhaltung nach steuerlichen Gesichtspunkten und repräsentieren somit nicht den tatsächlichen Werteverzehr,

welcher sich aus der tatsächlichen Nutzungsdauer eines Anlagegutes ableiten lässt. Die kalkulatorischen Abschreibungen berücksichtigen diesen Werteverzehr.
Beide Abschreibungen gehen auch von unterschiedlichen Werten aus: Die Abschreibung laut Buchführung basiert auf den tatsächlichen Anschaffungskosten, während die kalkulatorische Sicht den kalkulierten (geschätzten) Wiederbeschaffungswert berücksichtigt.

Beim Prozess der Abgrenzungsrechnung geht nur der betriebliche Aufwand (Zweckaufwand = Grundkosten) des Betriebes, erweitert um kalkulatorische Kosten (Anderskosten, z.B. Zinsen und Zusatzkosten), in die Systematik des internen Rechnungswesens ein.

7.2 Das interne Rechnungswesen

Das Datenmaterial, welches das externe Rechnungswesen zur Verfügung stellt, reicht nicht aus, um das Unternehmen zu führen. Als Grundlage für Planungen und Entscheidungen des Unternehmens dient nur die Kosten- und Leistungsrechnung.
Diese erfasst alle Kosten und Leistungen einer Abrechnungsperiode und kann somit folgende Erkenntnisse liefern:

- Ermittlung der Selbstkosten und Leistungen einer Abrechnungsperiode
- Ermittlung der Selbstkosten der Erzeugniseinheit
- Kontrolle der Wirtschaftlichkeit
- Ermittlung von Deckungsbeiträgen auf Basis der Teilkostenrechnung

Sind die Zahlen der Finanzbuchhaltung mithilfe der Abgrenzungsrechnung für das interne Rechnungswesen aufbereitet worden, vollzieht sich der Prozess der Kosten- und Leistungsrechnung in drei Schritten.

Aus Gründen der Übersichtlichkeit wird hier der Weg der Kosten dargestellt.

Schritt 1: Kostenartenrechnung

Die Kostenartenrechnung erfasst und ordnet sämtliche Kosten nach einem unternehmensspezifischen Kriterienkatalog. Die Kosten werden idealerweise bereits bei ihrem Entstehen erfasst und katalogisiert. Zur exakten Erfassung der einzelnen Positionen empfiehlt sich folgender Fragealgorithmus:

- WAS, also welche Art von Gut, wird verzehrt? Zum Beispiel Rohstoffe, Arbeitskraft, Betriebsmittel, Energie, Dienstleistungen etc.
- WIE VIEL, also welche Mengen von dem Gut, wird verzehrt (verbraucht)?
- Welchen WERT hat diese verbrauchte Menge?

Aus „Menge x Wert“ ergibt sich der Kostenbetrag der jeweiligen Kostenart. Aus einer Kostenartenübersicht lassen sich Kostenabweichungen gegenüber anderen Perioden oder gegenüber dem Plan erkennen. Auf diese Weise unterstützt die Kostenartenrechnung das Unternehmen bei der Zielerreichung, da wesentliche Plan-Abweichungen schon während ihres Entstehens erkannt werden (siehe Frühwarnsystem).

Wie die Kosten im Rahmen der Kostenartenrechnung gegliedert werden, hängt vom Ziel der Kostenartenrechnung ab. Folgendes Schaubild stellt die Ziele dar:

Ziele der KAR	Kriterium der Kostengliederung	Unterteilung der Kosten	Beispiele
Verbrauch an Produktionsfaktoren planen und kontrollieren	Gliederung nach der Verbrauchsart	Werkstoffkosten	Verbrauch an Rohstoffen
		Betriebsmittelkosten	Abschreibungen
		Personalkosten	Löhne, Gehälter

		Dienstleistungskosten	Versicherung, Fracht
		Zwangsabgaben	Steuern, Zölle
		Umweltkosten	Abwasserreinigung
Kalkulation erstellen	Zurechnung der Kosten zu Kostenträgern (Auftrag, Serie, Leistungseinheit)	Einzelkosten (direkte Zurechenbarkeit auf Kostenträger)	Rohstoffverbrauch, stückabhängige Fertigungslöhne
		Sondereinzelkosten der Fertigung	Modellkosten, Lizenzgebühren
		Sondereinzelkosten des Vertriebs	Spezialverpackung, Vertriebsprovisionen
		Gemeinkosten (indirekte Zurechenbarkeit auf Kostenträger durch Zuschlagssatz)	Zeitlöhne, Gehälter, soziale Abgaben, Abschreibungen, Mieten, betriebliche Steuern
Marktorientierte Entscheidungen treffen	Verhalten der Kosten bei Beschäftigungsänderungen	Variable Kosten: reagieren auf Beschäftigungsänderungen	Rohstoffverbrauch, Akkordlöhne
		Fixe Kosten: reagieren nicht auf Beschäftigungsänderungen	zeitabhängige Löhne, Gehälter, Abschreibungen, Mieten
		Mischkosten: enthalten zugleich variable und fixe Bestandteile	Telefonkosten, Kosten der Maschinenwartung

Abb. 28: Kostenarten aufgeteilt nach ihrem Ziel

Schritt 2: Die Kostenstellenrechnung

Die Kostenstellenrechnung beschäftigt sich mit der Frage: Wo sind die Kosten entstanden? Hierzu werden die Kosten in Einzelkosten und Gemeinkosten aufgeteilt.

- Einzelkosten: Kosten, welche direkt einem Kostenträger (Auftrag, Produkt etc.) zugeordnet werden können.

Hierzu zählen Material, Fertigungslöhne und Sondereinzelkosten (z.B. Architektenplan für ein einzigartiges Haus, Gussform für eine Sonderanfertigung einer Glocke etc.)
- Gemeinkosten: Kosten, welche nicht direkt einem Kostenträger zugeordnet werden können.

Die Gemeinkosten werden verursachungsgerecht auf die Kostenstellen verteilt. Hierzu dient ein Betriebsabrechnungsbogen (BAB). In ihm werden alle Gemeinkosten mithilfe eines Verteilungsschlüssels den entsprechenden Kostenstellen zugeordnet.
Aus dem Verhältnis der Gemeinkosten je Kostenstelle und deren Basis (die Einzelkosten oder Herstellkosten) wird ein Gemeinkostenzuschlagssatz ermittelt.

$$\text{Gemeinkosten-zuschlagssatz} = \frac{\text{Gemeinkosten}}{\text{Einzelkosten bzw. Herstellkosten}} \cdot 100$$

Die Gliederung der Kostenstellen erfolgt nach diesen Kriterien:
- Produkt/Produktgruppe
- Verantwortungsbereich
- Kostenverursachung
- räumliche Gegebenheiten

Bei der Kostenstellenbildung ist ebenfalls zu berücksichtigen, dass nicht alle Kostenstellen Leistungen für den Absatzmarkt erbringen.

Eine Reparaturwerkstatt, die innerhalb des Unternehmens eigene Maschinen wartet und repariert, kann die Kosten nicht sofort auf einzelne Endprodukte umlegen. Deshalb wird hierfür eine Neben- bzw. Hilfskostenstelle eingerichtet.
Die Kosten der Nebenkostenstelle „Reparaturwerkstatt" werden dann ihrer Verursachung nach in einem zweiten Schritt auf die Hauptkostenstellen (z.B. Material, Produktion, Verwaltung, Vertrieb) umgelegt.

Im Ergebnis muss also eine Weiterbelastung der Kosten sämtlicher Hilfs- und Nebenkostenstellen auf die Hauptkostenstellen erfolgen.

Haupt- und Nebenkostenstellen unterscheiden sich hierdurch:

- Nebenkostenstellen erbringen ihre Leistungen für alle anderen Kostenstellen im eigenen Unternehmen, z.B. der Reinigungsservice.
- Hilfskostenstellen stellen ihre Leistungen nur ganz bestimmten anderen Kostenstellen zur Verfügung, wie z.B. „Fuhrparkmanagement Außendienst“ als Hilfskostenstelle für den Vertrieb.

Die richtige Zuordnung der Kosten zur verursachenden Kostenstelle ist extrem wichtig, andernfalls werden eventuell falsche Schlüsse gezogen, die im schlimmsten Fall Entscheidungsgrundlagen verfälschen.

Schritt 3: Die Kostenträgerrechnung

Die Kostenträgerrechnung klärt die Frage: Wie soll man die betrieblichen Kosten auf die Kostenträger Produkt, Produktgruppen, Projekte etc. verteilen?
Die Verteilungsrechnung ist notwendig, um den kurzfristigen Betriebserfolg zu ermitteln, sie gibt Anhaltspunkte für die Kalkulation von Preisen und ist verbindlich bei zahlreichen öffentlichen Großaufträgen. Kostenträgerstückrechnung und Kostenträgerzeitrechnung sind zu unterscheiden, wobei die Stückrechnung auf der Zeitrechnung basiert.

Unter einem Kostenträger versteht man z.B. eine Operation im Krankenhaus, einen bearbeiteten Auftrag, eine erbrachte Leistung etc. Je nach Tiefe der Analyse kann ein einzelner Auftrag, ein kompletter Kundenauftrag oder eine Produktgruppe gemeint sein.

Wenn Kosten und Leistungen pro Auftrag erfasst werden, kann dieser nachkalkuliert werden (Soll-Ist-Vergleich).

Die Kostenträgerzeitrechnung ermittelt auf der Basis der Schritte 1 und 2 die periodenbezogenen Herstellkosten eines Betriebes. Diese werden mit den periodenbezogenen Erlösen verknüpft. Die Kostenträgerzeitrechnung ist auch als kurzfristige Erfolgsrechnung bekannt.

7.3 Kalkulationsmethoden

Die in den Schritten 1 bis 3 ermittelten Daten dienen dem Unternehmen als Kalkulationsbasis. Für die Kalkulation haben sich verschiedene Verfahren bewährt.

Divisionskalkulation

Die Divisionskalkulation ist ein einfaches kalkulatorisches Verfahren. Die Kosten der erstellten Leistung werden durch die erbrachte Menge innerhalb einer Periode dividiert. Dieses Verfahren eignet sich für Einproduktunternehmen mit Massenfertigung, z.B. für Kraftwerke.

> In einem Zementwerk werden täglich 9.000 Säcke Zement hergestellt, dabei entstehen Kosten von 45.000 €. Als Selbstkosten ergeben sich hier 45.000 € / 9.000 Säcke = 5 €/Sack.
> Das Unternehmen kalkuliert mit 30% Gewinnzuschlag, d.h., der Nettoverkaufspreis liegt bei 6,50€ (5 € x 1,3).

Äquivalenzziffernkalkulation

Diese Kalkulationsmethode ist für Mehrproduktunternehmen anwendbar, deren Produkte hinsichtlich der verwendeten Rohstoffe ähnlich und bezüglich der verwendeten Anlagen gleich sind (z.B. bei der Getränkeherstellung).

Bei der Äquivalenzziffernkalkulation wird angenommen, dass die artverwandten Erzeugnisse in einem bestimmten konstanten Kostenverhältnis zueinander stehen. Dieses Verhältnis wird mithilfe von Äquivalenzziffern (Gewichtungsfaktoren) ausgedrückt, d.h., ein Referenzprodukt erhält die Äquivalenzziffer 1 und die anderen Produkte erhalten entsprechend ihrem Kostenverhältnis dann geeignete Äquivalenzziffern. Auch hierzu ein Beispiel:

Einstufige Äquivalenzziffernkalkulation:

Die Gesamtkosten einer Periode betragen 3.800,00 €

Produkt	Kostenverhältnis	Stückzahl	Äquivalenzkennziffer (Kostenverhältnis · Stückzahl)	Selbstkosten je Produkt (Gesamtkosten/1.230 · Produktäquivalenzziffer)
A	1	600	600	1.853,66 €
B	1,2	400	480	1.482,93 €
C	1,5	100	150	463,41 €
Gesamt			1.230	3.800,00 €

Zuschlagskalkulation

In den meisten Betrieben findet die Zuschlagskalkulation ihre Anwendung: Wenn Produkte mit unterschiedlichen Kostenstrukturen hergestellt werden, wird diese Kalkulationsmethode angewendet.
Zur Kalkulation dieser Produkte ist die Trennung der Kosten in Einzel- und Gemeinkosten Voraussetzung. Die Einzelkosten werden unmittelbar (direkt) auf die Erzeugnisse (Kostenträger) verteilt. Die Gemeinkosten werden hingegen gesammelt, nach ihren Entstehungsursachen gegliedert und dann durch einen prozentualen Zuschlag (Gemeinkostenzuschlagssatz) den Einzelkosten der Erzeugnisse zugeschlagen. Ein Beispiel:

			Produkt A	Produkt B
		Materialeinzelkosten	50,00 €	90,00 €
	+	Materialgemeinkosten (23,33 %)	11,67 €	21,00 €
(I)	=	Materialkosten (MK)	61,67 €	111,00 €
		Fertigungseinzelkosten	90,00 €	320,00 €
	+	Fertigungsgemeinkosten (128,57 %)	115,71 €	411,42 €
(II)	=	Fertigungskosten (FK)	205,71 €	731,42 €
(I) + (II)		Herstellkosten (MK+FK)	267,38 €	842,42 €
	+	Verwaltungsgemeinkosten (12,10 %)	32,35 €	101,93 €
	+	Vertriebsgemeinkosten (14,49 %)	38,74 €	122,07 €
	=	Selbstkosten	338,47 €	1.066,42 €
	+	Gewinnzuschlagssatz (24,20 %)	81,91 €	258,07 €
	=	**Nettoverkaufspreis**	**420,38 €**	**1.324,49 €**

Von der Buchhaltung zur

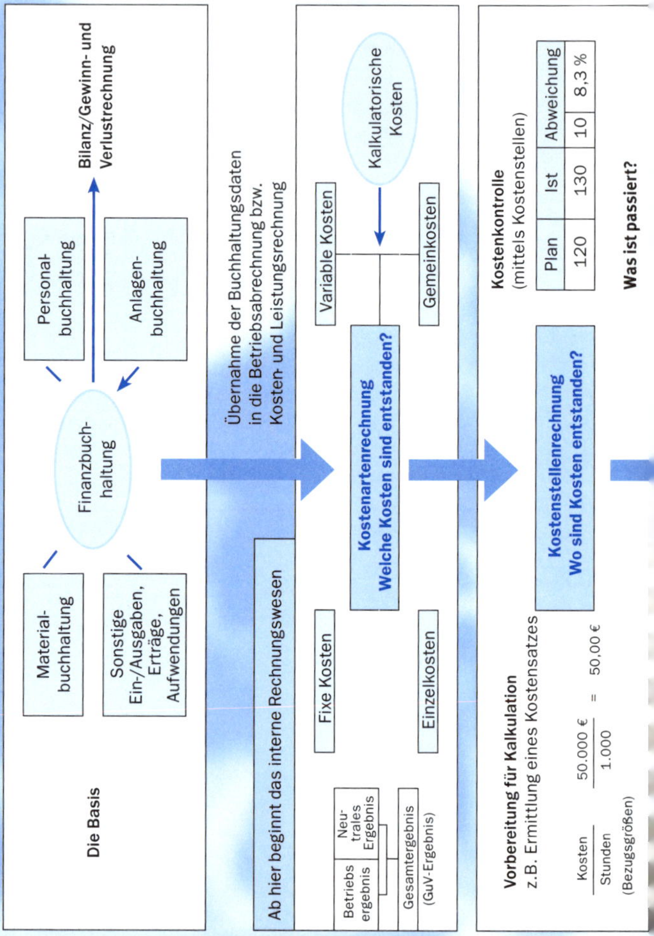

Kostenrechnung

Sammeln von weiteren Betriebsdaten:
- **Innerbetriebliche Leistungen** (z.B. Leistungen der Instandhaltung für andere Abteilungen)
- **Kapazitätsberechnungen** von Anlagen
- **Umlagen** (z.B. Verwaltungskosten auf andere Kostenstellen)

- **Erbrachte Leistungen** (z.B. in Stück oder Stunden)
- **Absatzzahlen** (z.B. Stück)
- **Umsätze** (Absatz · Verkaufspreis)
- **Sonstiges** wie Personalzahlen, Investitionen usw.

Kalkulation (Kostenträgerstückrechnung)

Einzelmaterial + Materialgemeinkosten	20 5
= Materialkosten	25
Fertigungskosten + Fertigungsgemeinkosten	40 55
= Fertigungskosten	95
= Herstellkosten	120
+ Verwaltungs-/Vertriebskosten	20
= Selbstkosten	140
+ Gewinn	14
= Verkaufspreis netto	154

Kostenträgerrechnung

Wofür sind Kosten entstanden?

Erfolgsrechnung (Kostenträgerzeitrechnung)

„Womit verdienen wir Geld"?

- Artikelergebnisrechnung
- Kundenergebnisrechnung
- Gebietsergebnisrechnung

➜ Vollkostenrechnung
oder (die bessere Methode)
➜ Deckungsbeitragsrechnung

Preis – variable Kosten	10 6
= Deckungsbeitrag	4

Von der Buchhaltung zur Kostenrechnung ...

Controlling

Auf den Punkt gebracht:

- Das betriebliche Rechnungswesen bildet den Kern des Informationssystems. Hier werden alle betriebswirtschaftlich relevanten Daten wert- und mengenmäßig erfasst, aufbereitet, bewertet, kontrolliert und dokumentiert.
- Das externe Rechnungswesen erfasst Höhe und Veränderungen der Vermögens- und Kapitalteile des Unternehmens. Im Rahmen des Jahresabschlusses werden diese in einer Bilanz dargestellt. Die Bilanz erfasst auch alle Arten von Aufwendungen und Erträgen für ein Geschäftsjahr, Quartal oder Monat. Mithilfe eines Gewinn-und Verlust-Kontos wird durch Gegenüberstellung von Aufwendungen und Erträgen das Betriebsergebnis präsentiert. Das externe Rechnungswesen ist unternehmensbezogen. Das Ziel ist hier die Ermittlung des steuerlichen Ergebnisses.
- Das interne Rechnungswesen ist nur an dem Erfolg des betrieblichen Leistungsprozesses interessiert. Hier ist das Betriebsergebnis die entscheidende Größe. Das interne Rechungswesen ist Grundlage der Planungen und Entscheidungen des Unternehmens. Es erfasst alle Kosten und Leistungen, kann Erkenntnisse über die Selbstkosten und Leistungen einer Abrechnungsperiode, die Wirtschaftlichkeit und die Deckungsbeiträge auf Basis der Teilkostenrechnung liefern. Um aber betriebsbezogene Daten zu erhalten, ist eine Abgrenzungsrechnung als Bindeglied zwischen der Finanzbuchhaltung (extern) und der Kosten- und Leistungsrechnung (intern) notwendig.

8 Die richtige Entscheidung treffen

Hilfreiche Instrumente strukturieren Entscheidungsprobleme

Jede Entscheidung ist eine Auswahl zwischen mindestens zwei Möglichkeiten. Die meisten betrieblichen Entscheidungen bedingen das Erfassen und Durchdringen von recht komplexen und umfangreichen Situationen. Hiermit verbunden ist oft eine hohe Informationsdichte, die intelligent strukturiert und kanalisiert werden muss.
Für das Problemfeld der „richtigen Entscheidung" gibt die Betriebswirtschaftslehre den Entscheidern eine Vielzahl von Werkzeugen an die Hand, die zwar letztendlich nicht die Entscheidung, aber doch die Problemdurchdringung erleichtern. Darüber hinaus sind einige dieser Werkzeuge in der Lage, die Konsequenzen einer Entscheidung aufzuzeigen.

Trotz vorhandener Methoden, die bei der Entscheidungsfindung unterstützend wirken, ist immer wieder festzustellen, dass eine notwendige Entscheidung nicht getroffen wird. Diese Entscheidungsvermeidung oder -hinauszögerung kann mehrere Ursachen haben, die entweder in der Person des Entscheiders oder im Wesen der Organisation zu suchen sind.

8.1 Ursachen für Beharrungstendenzen

Die Indikatoren für eine Entscheidungsvermeidung bzw. für Beharrungstendenzen („Alles bleibt so, wie es ist ...!) gilt es zu kennen, da sie langfristig die Handlungsfreiheit und Unabhängigkeit des Unternehmens gefährden:

- das Verhalten ist stark von Vorurteilen, Normen und Gewohnheiten geprägt
- geringe Bereitschaft, die mit der Entscheidung verbundenen Risiken zu tragen
- bei falschen Entscheidungen werden empfindliche Sanktionen erwartet
- der Entscheider ist nicht Entscheidungsbetroffener
- widersprüchliche Informationsquellen verunsichern den Entscheider
- es herrscht das Prinzip: „Findet den Schuldigen!"
- Ziele sind nicht eindeutig
- es herrscht kein Grundkonsens innerhalb des Unternehmens
- Informationsquellen sind veraltet etc.

Sind Entscheidungen getroffen, entsteht ein Umstand, der der menschlichen Wahrnehmung beigemessen wird, das Entscheidungsphänomen tritt auf: Der Entscheider neigt dazu, bestätigende Informationen mit aller Macht zu suchen, zu sehen und zu dulden, während widersprechende Informationen, etwa bezüglich besserer Alternativen, gemieden, umgangen oder gar geleugnet werden.

Anhand von kleinen Fallbeispielen werden hier nun ausgesuchte Werkzeuge dargestellt, welche den Entscheidern die Planungsarbeit erleichtern können. Jedes dieser Werkzeuge ist in vielen betrieblichen Bereichen anwendbar.

8.2 Entscheidungshilfe im Beschaffungsmanagement – die ABC-Analyse

Dieses Werkzeug dient als Orientierungshilfe. Da in den Unternehmen die Zeit eine knappe Ressource ist, verschafft die ABC-Analyse einen schnellen Überblick, welche Schwerpunkte gesetzt werden müssen. Diese Analyse kann in allen Bereichen des Unternehmens eingesetzt werden, um sich bei knapper Zeit mit den richtigen Dingen zu beschäftigen. Beispielsweise kann sie im Vertrieb angewendet werden, um herauszufinden, welche Kunden besonderer Aufmerksamkeit bedürfen. Dabei werden Umsatz und Artikelmenge als Kriterien angesetzt. Die ABC-Analyse findet ihren Einsatz ebenso im Beschaffungsmanagement. Hier werden z.B. die regelmäßig zu beschaffenden Güter auf ihren Wert- und Mengenanteil überprüft.

Die ABC-Analyse basiert auf der Erkenntnis, dass oft ein kleiner mengenmäßiger Anteil einen großen Wertanteil im Verhältnis zum Gesamtwert darstellt.
So kann diese Methode beispielsweise dem Vertrieb die Information liefern, dass konkret 26 von 589 Kunden 70% des Umsatzes ausmachen. Dies soll nicht dazu verleiten, sich nur noch auf diese 26 Kunden zu konzentrieren, aber eine systematische Durchdringung der Resultate kann dazu genutzt werden, herauszufinden, wie andere Kunden ebenfalls einen solch hohen Anteil an unserem Absatz erreichen können.

> Die ABC-Analyse hat das primäre Ziel, das Wesentliche vom Unwesentlichen zu trennen. So trägt sie dazu bei, den Fokus auf Bereiche von erheblicher wirtschaftlicher Bedeutung zu lenken.

Fallstudie ABC-Analyse im Beschaffungsmanagement

Der Einkaufsmarkt des Unternehmens ist stark geprägt durch eine große Anzahl von Lieferanten. Viele Lieferanten versuchen, durch Sonderrabatte und zeitweilig geltende Liefer- und Zahlungskonditionen ihre Kunden an sich zu binden. Oftmals kommen in der Abteilung Fälle wie dieser vor:
Die Einkaufsabteilung hat eine Bestellung bei einem bestimmten Lieferanten ausgelöst, um kurze Zeit später – nach Abarbeitung der Ablage – das Angebot eines anderen

Lieferanten zu finden, in welchem für den gleichen Artikel ein wesentlicher Rabatt eingeräumt wird. Werden solche Fälle angesprochen, klagen die zuständigen Mitarbeiter über den Mangel an Zeit, der durch das turbulente Tagesgeschäft entsteht.
Hier gilt es, einzuschreiten, denn schon 2% Reduktion des Einkaufspreises führen auf der Vertriebsseite des Unternehmens zu einer wesentlichen Entlastung an der Vertriebsfront in Sachen Preisverhandlung.

◆ Schritt 1: Informationsbeschaffung

Der erste Schritt besteht in der Beschaffung der Informationen über den Mengenverbrauch aller Artikel und deren Wert der letzten Periode. Die ABC-Analyse ist in diesem Fall nicht Bestandteil des Informationssystems und muss quasi in Einzelschritten erarbeitet werden.
Die Wertdaten wurden von der Finanzbuchhaltung zur Verfügung gestellt und der hierzu entsprechende Verbrauch wurde mithilfe eines Tabellenkalkulationsprogramms aus den digitalen Aufzeichnung der Einkaufsabteilung herausgefiltert

◆ Schritt 2: Tabellarische Darstellung

Die Daten werden nun nach Artikeln sortiert. In einer Zeile befinden sich Informationen zu Menge und Wert. Außerdem wird je Artikel die mengen- und wertmäßige Relation zur Gesamtmenge und zum Gesamtwert ermittelt.

Artikel	Verbrauchseinheiten	Preis/ Einheit (€)	Wert (€)	Verbrauch in %	Wert in %
1	80.000	1,50	120.000	10,69	7,28
2	30.000	9,00	270.000	4,01	16,37
3	144.000	0,50	72.000	19,24	4,37
4	8.400	18,00	151.200	1,12	9,17
5	200.000	1,40	280.000	26,72	16,98
6	8.000	10,00	80.000	1,07	4,85

(Forts.)

Artikel	Verbrauchseinheiten	Preis/ Einheit (€)	Wert (€)	Verbrauch in %	Wert in %
7	16.000	20,00	320.000	2,14	19,40
8	44.000	2,50	110.000	5,88	6,67
9	140.000	0,70	98.000	18,71	5,94
10	78.000	1,90	148.200	10,42	8,99
Gesamt	748.400		1.649.400		

◆ Schritt 3: Festlegen der Rangfolge

Jetzt werden die Daten entsprechend ihrem prozentualen Wert sortiert und die Wert- und Verbrauchsanteile kumuliert dargestellt.

Rang	Artikel	Wert in %	Wert in % kumuliert	Verbrauch in %	Verbrauch in % kumuliert
1	7	19,40	19,40	2,14	2,14
2	5	16,98	36,38	26,72	28,86
3	2	16,37	52,75	4,01	32,87
4	4	9,17	61,91	1,12	33,99
5	10	8,99	70,90	10,42	44,41
6	1	7,28	78,17	10,69	55,10
7	8	6,67	84,84	5,88	60,98
8	9	5,94	90,78	18,71	79,69
9	6	4,85	95,63	1,07	80,76
10	3	4,37	100,00	19,24	100,00

◆ Schritt 4: Aufteilung nach A-, B- und C-Gütern

In der Literatur wird oftmals folgende Aufteilung empfohlen:

– A-Güter: 75–80 % Wertanteil
– B-Güter: ca. 15 % Wertanteil
– C-Güter: ca. 5 % Wertanteil

In der Realität kann dies nur als Orientierung dienen. In unserem Fall bilden die Artikel 7, 5, 2, 4, 10 und 1 rund 78 % des Wertes also A-Güter, die restlichen Artikel 8, 9, 6 und 3 bilden die B-Güter. C-Güter gibt es hier nicht.

Dies ist jedoch eine subjektive Beurteilung. Wenn eine C-Güter-Einteilung vorgenommen werden sollte, dann wären die Artikel 9 und 3 die Kandidaten dafür, da sie einen relativ hohen Verbrauch bei relativ wenig Wert darstellen.

- Schlussfolgerung:

Jetzt hat die Abteilung einen Prioritätenkatalog. Im Zweifelsfall werden z.B. Verhandlungen für die jetzt bekannten A-Güter denen von B- bzw. C-Gütern vorgezogen. Die Bestellungen der C-Güter werden möglichst standardisiert; dies schafft Zeit für die Fokussierung auf die Beschaffung der A-Güter.

8.3 Entscheidungshilfe im Vertrieb – die Deckungsbeitragsrechnung

Die Deckungsbeitragsrechnung hat sich in den letzten Jahren als wichtiges Analysemittel bewährt. Sie findet Anwendung, wenn es darum geht, den Beitrag einzelner Leistungseinheiten am Gesamtergebnis eines Unternehmens festzustellen. So gibt sie dem Vertrieb wichtige Hinweise, welche Produkte besonders zum Erfolg beisteuern, der Gesamtplanung vermittelt sie, ab welcher Menge sich die Produkte in der Gewinnzone befinden.

Damit eine Deckungsbeitragsrechnung funktioniert, müssen die Kosten innerhalb der Kostenartenrechnung in fixe und variable Bestandteile aufgeteilt werden:

- Fixe Kosten sind daran zu erkennen, dass sie nicht auf eine Mengenänderung reagieren, z.B. die Mietkosten einer Produktionshalle.
- Variable Kosten hingegen reagieren auf Mengenänderungen, z.B. der Materialaufwand innerhalb der Produktion.

Wenn die Deckungsbeitragsrechnung als langfristiges Planungsinstrument benutzt wird, so werden selbst die Lohnkosten der „ausführenden Arbeit“ als variable Kosten angesehen.
Das Schema einer einfachen Deckungsbeitragsrechnung lässt sich folgendermaßen darstellen:

	Erlöse	10.000,00 €
–	variable Kosten	4.000,00 €
=	Deckungsbeitrag	6.000,00 €
–	fixe Kosten	3.000,00 €
=	Betriebsergebnis	3.000,00 €

Der Deckungsbeitrag gibt den Teil des Verkaufserlöses an, der zur Deckung der Fixkosten dient. Ist der Fixkostenblock durch die Anzahl der generierten Deckungsbeiträge abgetragen, befindet sich das Unternehmen bis zur Kapazitätsgrenze in der Gewinnzone.

In der folgenden Fallstudie will ein Unternehmen ein neues Produkt einführen.

Fallstudie Deckungsbeitragsrechnung im Vertrieb

Die Marktfähigkeit eines neuen Produktes wurde vom Vertrieb durch zahlreiche Kundenanfragen bestätigt. Allerdings ist noch nicht klar, ob sich der Verkauf des neuen Produktes auf das Ergebnis positiv auswirken wird, da letztendlich keine zuverlässige Prognose über die Absatzmenge vorhanden ist. Außerdem sind sich die Entscheider nicht darüber im Klaren, ob das Produkt in Eigen- oder Fremdfertigung hergestellt werden soll.

◆ Schritt 1: Datenrecherche

Abschätzung des Marktpreises, Ermittlung der variablen Kosten anhand von Materialstücklisten und Schätzung von benötigter Arbeitszeit. Ermittlung der fixen Kosten, welche durch das neue Produkt getragen werden müssen, und Schätzung der maximalen Kapazität.

Als geschätzte Daten ergeben sich:

– marktfähiger Preis/Stück	120,00 €
– variable Kosten/Stück	90,00 €
– gesamtfixe Kosten pro Monat	12.000,00 €
– Kapazität in Stück	1.000

Zusätzlich wurden Daten für einen Fremdbezug recherchiert:

– Beschaffungspreis	105,00 €
– fixe Kosten (Vertrieb, QM etc.)	1.900,00 €

◆ Schritt 2: Berechnung mithilfe der Deckungsbeitragsrechnung

Ab welcher monatlichen Menge lohnt sich der Verkauf aus eigener Produktion (Nutzenschwellenmenge)?
Berechnung:

$$\frac{\text{Fixe Kosten}}{\text{Deckungsbeitrag je Stück}} = \frac{12.000}{(120–90)} = 400 \text{ Stück}$$

Wo liegt zurzeit das Gewinnmaximum?
Berechnung:

$$\left(\begin{matrix}\text{Kapazitäts-}\\\text{maximum}\end{matrix} - \begin{matrix}\text{Nutzenschwellen-}\\\text{menge}\end{matrix}\right) \cdot \text{Deckungsbeitrag je Stück}$$

$$= (1.000–400) \cdot 30 = 18.000\,€$$

Ist die Eigen- oder die Fremdproduktion zu empfehlen?
Berechnung:

$$\frac{\text{Vorteil Fremdproduktion}}{\text{Vorteil Eigenproduktion}} = \frac{12.000 - 1.900}{105 - 90} = 673 \text{ Stück}$$

Das bedeutet: Ab 673 Stück ist die Eigenherstellung der Fremdvergabe vorzuziehen.

◆ Schlussfolgerung:

Die Deckungsbeitragsrechnung hat auf einfache Art und Weise einen groben Überblick geschaffen, ob das neue Produkt weitere Überlegungen wert ist. Die Ergebnisse besagen, dass die vorhandene Kapazität zu 40% ausgelastet werden muss, um einen Gewinn erzielen zu können,

und dass die Kosten der Fremdfertigung erst ab einer Stückzahl von 673 Stück höher werden als die der Eigenherstellung.
Bei einer endgültigen Entscheidung sind selbstverständlich noch einige andere Punkte zu beachten, z.B.: Wie lässt sich das neue Produkt in das Gesamtangebot des Unternehmens einfügen? Sind die dargestellten Kapazitäten von 1.000 Stück tatsächlich freie Kapazitäten oder werden andere Produkte hierdurch verdrängt?

8.4 Entscheidungshilfe im Investitionsmanagement – die Kostenvergleichsrechnung

Der in der Investitionsplanungsrechnung verwendete Zinssatz wird Kalkulationszinssatz genannt. Seine Höhe ist eine kalkulatorische Größe, d.h., er ist geschätzt bzw. aus einem Unternehmensziel abgeleitet, welches die Zielverzinsung vorgibt. Als Schätzungsgröße des Kalkulationszinssatzes wird ein marktüblicher Zinssatz angenommen. Da es oft schwierig ist, diesen festzulegen, kann man für die Praxis folgende Vereinfachungen empfehlen:

- Bei Finanzierung mit eigenen Mitteln wird die Rendite angenommen, die dem Investor infolge der Investition an anderer Stelle entgeht, z.B. am Kapitalmarkt (Opportunitätskostenprinzip).
- Bei Fremdfinanzierung nimmt man den Effektivzinssatz des Fremdkapitals.
- Bei gemischter Finanzierung wird das gewogene arithmetische Mittel der Einzelrenditen bzw. der Effektivzinssätze empfohlen.

An einem Praxisfall wird die Vorteilhaftigkeit von drei Investitionsmöglichkeiten ermittelt. Hierzu wird die statische Methode der Kostenvergleichsrechnung angewandt.

Fallstudie Kostenvergleichsrechnung im Investitionsmanagement

Zunächst müssen die folgenden Daten ermittelt werden:

- Kapazität: die maximale jährliche Kapazität wird geschätzt
- Erwarteter Bedarf: die Auslastung/Nachfrage pro Jahr wird ebenfalls geschätzt
- Anschaffungsausgaben: alle Anschaffungskosten inklusive Schulungen etc.
- Geplante Nutzungsdauer: wirtschaftliche oder Ziel-Nutzungsdauer
- Variable Kosten: produktive Löhne und Materialverbrauch, evtl. Energieverbrauch je Mengeneinheit
- Fixe Kosten ohne Abschreibungen und Zinsen: Kosten der Infrastruktur
- Kalkulationszinssatz: marktüblicher Zinssatz

Dann können diese Werte berechnet werden:

- Variable Kosten: variable Kosten je ME x erwarteter Jahresbedarf
- Abschreibungen: Anschaffungskosten bzw. Wiederbeschaffungswert geteilt durch geplante Nutzungsdauer
- Zinsen: ((Anschaffungskosten · Zinssatz) + (Anschaffungskosten / Nutzungsdauer · Zinssatz)) geteilt durch 2

Addiert man dann die variablen und die Fixkosten, die Abschreibungen und die Zinsen, so erhält man die Gesamtkosten. Teilt man diese dann noch durch die erwartete Auslastung im Jahr, so erhält man die Kosten pro Stück.

Alle diese Daten werden dann je Alternative einander gegenübergestellt, d.h., die Kosten werden verglichen. Unser Beispiel:

	Kostenvergleichsrechnung		
	Fremdbezug	Anlage A	Anlage B
Kapazität (ME/Jahr)–		25.000	30.000
Erwarteter Bedarf (ME/Jahr)	12.000	12.000	12.000
Anschaffungsausgaben (€)	–	40.000	60.000
Geplante Nutzungsdauer (Jahre)	–	4	4
Variable Kosten (€/ME)	8,00	4,90	4,60
Fixe Kosten ohne Abschreibungen und Zinsen (EUR/Jahr)	–	20.000	32.000
Kalkulationszinssatz (%)	8	8	8
Variable Kosten (€/Jahr)	96.000	58.800	55.200
Fixe Kosten ohne Abschreibungen und Zinsen (EUR/Jahr)	–	20.000	32.000
Abschreibungen (€/Jahr)	–	10.000	15.000
Zinsen (€/Jahr)	–	2.000	3.000
Gesamtkosten (€)	96.000	90.800	105.200
Kosten pro Stück (€/ME)	8,00	7,57	8,77

Benötigte Daten	Zwischenergebnis	Entscheidungsergebnis

Schlussfolgerung: Nach den angelegten Maßstäben ist die Anlage A die vorteilhafteste Investition. Allerdings ist dies nur der Fall bei einem erwarteten Absatz von 12.000 Stück. Der Fremdbezug erscheint hier als weniger vorteilhaft, allerdings bindet er nur Kosten bei Bedarf, da er keine fixen Kosten aufweist. Er würde bei einem Absatz unter 10.322 Stück die vorteilhaftere Variante sein.

Die Anlage B wäre im Vorteil, wenn der Bedarf über 60.000 Stück gehen würde, allerdings kann dieser Vorteil nicht ausgespielt werden, da die technische Kapazität der Anlage auf 30.000 Stück limitiert ist.

8.5 Entscheidungshilfe im Personalmanagement – Nutzwertanalyse und Benchmark-Methode

Wenn es um die Besetzung einer neuen Stelle in einem Unternehmen geht, kann der Bauch entscheiden oder die richtige Chemie zwischen dem Arbeitgeber und dem Bewerber. Soll die Auswahl aber möglichst objektiv vollzogen werden, ist die Anwendung von professionellen Hilfsmitteln notwendig. Dies liegt vor allem nahe, wenn die zu besetzende Stelle erhebliche Anforderungen an die fachliche Kompetenz, die Methodenkompetenz und die persönliche und soziale Kompetenz des Bewerbers stellt.
Hierzu lässt sich aus einer Stellenbeschreibung eine Nutzwertanalyse ableiten. Hierfür werden die notwendigen Anforderungen gewichtet und diese als Ideal abgebildet.
Die Bewerber werden aufgrund ihrer Bewerbungsunterlagen und dem absolvierten Vorstellungsgespräch an diesem Ideal gemessen und erhalten Punkte im Verhältnis zum Ideal. Die Bewerber mit dem höchsten Nutzwerten kommen in die engste Wahl.
Eine andere Methode ist die Benchmark-Methode: Hierzu wird ebenfalls ein Ideal des Bewerbers abgebildet. Dieses Anforderungsprofil für die zu besetzende Stelle wird gemessen nach einem Punkteschema, z.B. „5“ für „unbedingt notwendig“ bis „1“ für „nicht unbedingt notwendig“. So erhält man eine „Hügellandschaft“ des Ideals (Benchmark).
Für die Stelle eines Controllers in einem mittelständischen, regional tätigen Unternehmen könnte das Anforderungsprofil (das „Ideal“) wie folgt aussehen:

	5	4	3	2	1
Fachkompetenz					
Rechnungswesen		x			
Finanzen	x				
Organisation			x		
Branchenkenntnisse				x	
Englisch					x

Methodenkompetenz					
Präsentationstechniken		x			
Moderationstechniken	x				
Kommunikation		x			
Kreativität				x	
Projektmanagement					x
Management by Objectives				x	
PC-Kenntnisse	x				
Psychologie					x
Personalführung					x
Persönliche und soziale Kompetenz ... in Bezug auf die eigene Person					
selbstständig	x				
selbstkritisch		x			
frustrationstolerant		x			
lernbereit	x				
kontaktfreudig		x			
... in der Wirkung auf andere					
motivierend		x			
kooperativ			x		
hilfsbereit	x				
konfliktfähig			x		
guter Zuhörer	x				
... in der Sache					
vernetzt denkend				x	
objektiv		x			
kreativ			x		
verhandlungsgeschickt					x
durchsetzungsstark		x			

Abb. 29: Anforderungsprofil Controller

Die Bewerber mit der höchsten Deckungsgleichheit werden daraufhin in die engere Wahl genommen.

Auf den Punkt gebracht:

- Das Treffen von richtigen Entscheidungen setzt eine Kultur des vorurteilsfreien Denkens voraus. Entscheider müssen sich dabei bewusst machen, dass sich Entscheidungssituationen ändern, sodass bewährte Entscheidungsmuster ebenfalls auf ihre Wirksamkeit überprüft werden müssen.
- Die Betriebswirtschaftslehre bietet für strategische und operative Entscheidungssituationen Hilfsmittel an. Durch ihre Anwendung erhält der Entscheider neben einer Hilfe zur Durchdringung des zu lösenden Problems auch eine übersichtliche Argumentationshilfe zur Durchsetzung von Entscheidungen.
- Einige Entscheidungshilfen setzen Kenntnisse der Finanzmathematik voraus.
- Die Anwendung von Entscheidungshilfen ersetzt nicht den gesunden Menschenverstand. Die Hilfen können nur dazu beitragen, bestimmte Aspekte von Problemstellungen auf den Punkt zu bringen. Entscheiden müssen die Verantwortlichen.

Literaturverzeichnis

Adam, D.: Planung und Entscheidung. 4.Aufl., Wiesbaden 1997

Berens/Hoffjan/Schmitting (Hrsg.): Controlling in Fallstudien. Stuttgart 1999

Birker, K. (Hrsg.): Das neue Lexikon der BWL. Berlin 2005

Bisani, F.: Personalwesen und Personalführung. 5. Aufl., Wiesbaden 2000

Böttges/Papendorf/Weiler: ABC der Bilanzierung. 8. Aufl., Bonn 2005

Brauchlin/Wehrli: Strategisches Management. 2. Aufl., München 1994

Cremer, U.: Professionelle Kostenrechnung und Kalkulation. Landsberg a.L. 1999

Denzel, E.: Marketing für den Mittelstand. München 1994

Deyhle, A.: Management & Controlling. (Brevier Bd. I), 7. Aufl., Wöthersee-Etterschlag 1997

Deyhle, A.: Management & Controlling. (Brevier Bd. II), 7. Aufl., Wöthersee-Etterschlag 1997

Deyhle, A.: Controller Praxis Band I. 12. Aufl., Wöthersee-Etterschlag 1996

Deyhle, A.: Controller Praxis Band II. 12. Aufl., Wöthersee-Etterschlag 1996

Eisenführ/Weber: Rationales Entscheiden. 4. Aufl., Berlin 2002

Froese/Birker (Hrsg.): Formelsammlung BWL. Berlin 2008

Haunerdinger/Probst: BWL visuell. Berlin 2006

Haunerdinger/Probst: Kosten senken. Freiburg 2005

Herting, J.: Grundlagen Kalkulation. Berlin 2004

Hopfenbeck, W.: Allgemeine Betriebswirtschaftslehre und Managementlehre. 14. Aufl., Landsberg 2002

Kemmerer, J.: Kaufmännisches Rechnen. Berlin 2005

Kotler, P. u.a.: Grundlagen des Marketing. 4. Aufl., München 2003

Külpmann, B.: Kennzahlen im Betrieb. 2. Aufl., Berlin 2008

Külpmann, B.: Grundlagen Controlling. 2. Aufl., Berlin 2008
Olfert, K.: Kompakt-Training Kostenrechnung. 5. Aufl., Ludwigshafen R. 2006
Olfert / Reichel: Kompakt-Training Investition. 3. Aufl., Ludwigshafen R. 2003
Olfert / Reichel: Kompakt-Training Finanzierung. 3. Aufl., Ludwigshafen R. 2004
Pfohl / Stölzle: Planung und Kontrolle. 2. Aufl., München 1997
Picot / Dietl / Franck: Organisation. 2. Aufl., Stuttgart 1999
Schierenbeck, H.: Grundzüge der Betriebswirtschaftslehre. 16. Aufl., München 2003
Schumacher, B.: Kosten- und Leistungsrechnung. 3. Aufl., Ludwigshafen R. 2000
Sommerhoff, M.: Buchführung. 2. Aufl., Berlin 2006
Vahs, D.: Organisation. 2.Aufl., Stuttgart 1999
Weis / Steinmetz: Marktforschung. 6.Aufl., Ludwigshafen R. 2002
Winter, M.O.: Handbuch für die kaufmännische Praxis. Berlin 2007
Wöhe, G.: Einführung in die Allgemeine Betriebswirtschaftslehre. 23. Aufl., München 2008
Wöhe / Kaiser / Döring: Übungsbuch zur Einführung in die Allgemeine Betriebswirtschaftslehre. 12. Aufl., München 2008
Wolf, J.: Kostenrechnung. Berlin 2004
Wolf, J.: Deckungsbeitragsrechnung. Berlin 2005
Vahs, D.: Organisation. 6.Aufl., Stuttgart 2007
Zollondz, H.-D.: Grundlagen Marketing. 4. Aufl., Berlin 2008

Stichwortverzeichnis